高等学校"十二五"规划教材

U0202579

矿物加工实践教程

赵世永　杨兵乾　编著

西北工业大学出版社

【内容简介】 本书主要介绍矿物加工专业实践教学和矿物加工生产实践中常用的实验,每个实验都包含实验目的、基本原理、实验设备及材料、实验步骤与操作技术、数据记录与处理、思考题等内容。全书分为两部分共 12 章,包括破碎与磨矿实验、重力分选实验、磁电分选实验、浮游分选实验、固液分离实验、非金属矿物深加工实验、选煤实验研究方法实验、化学与生物分选实验、洁净煤技术实验、粉体工程实验、综合性实验和设计性实验。

本书可作为高等院校矿物加工专业本、专科实验教材,也可供相关企业实验室的实验人员和技术人员参考。

图书在版编目(CIP)数据

矿物加工实践教程/赵世永,杨兵乾编著 . —西安:西北工业大学出版社,2012.8
ISBN 978 - 7 - 5612 - 3446 - 4

Ⅰ.①矿… Ⅱ.①赵…②杨… Ⅲ.①选矿—实验—教材 Ⅳ.①TD9 - 33

中国版本图书馆 CIP 数据核字(2012)第 203703 号

出版发行:西北工业大学出版社
通信地址:西安市友谊西路 127 号　　邮编:710072
电　　话:(029)88493844　88491757
网　　址:www.nwpup.com
印 刷 者:陕西向阳印务有限公司
开　　本:787 mm×1 092 mm　　1/16
印　　张:14
字　　数:337 千字
版　　次:2012 年 8 月第 1 版　　2012 年 8 月第 1 次印刷
定　　价:30.00 元

前　言

　　《矿物加工实践教程》是矿物加工工程专业一本综合性的专业实践教学书目,包含了基础实验和综合性、设计性实验两大部分。本书主要包含矿物加工原理和矿物加工方法实验,强化学生对各种矿物加工方法的基本理论、加工工艺及相应的机械设备的工作原理及其应用的实践能力。本书除主要配套"矿物加工学""矿物加工实验研究方法"等课程的教学之外,还适用于"非金属矿物深加工""洁净煤技术""粉体工程"等矿物加工专业课程的配套实践教学。

　　本书主要通过多种方式的实验实践,帮助学生掌握实验方法、熟悉实验手段,并通过分析实验过程,培养学生的兴趣、拓展其专业面、提高其专业技术水平。通过对实验现象的观察、思考,实验数据的整理、分析,帮助学生直观、理性地学习和了解矿物加工过程的基本规律、影响因素、应用领域及应用领域的拓展,实现更高层次上对矿物加工过程基本原理、基本方法和应用的认识。同时补充和深化课堂理论教学内容、强化课堂教学效果、提高专业知识水平,让学生掌握矿物加工的基本实验环节与方法,是全面学习、掌握、提高、拓展矿物加工学知识的必不可少的途径,具有很强的实践性。在方法原理性实验的基础上,注重拓展和扩大信息量,突出对学生实践、观察、分析、创新能力的培养,丰富和提升专业知识学习的效果。

　　参加本书编写工作的有:西安科技大学赵世永(第一部分基础实验和第二部分综合性实验),西安科技大学杨兵乾(第二部分设计性实验)。全书由赵世永统稿。另外,在此对给予本书出版支持的中国矿业大学、中南大学、辽宁工程技术大学表示感谢。

　　在本书编写过程中,得到西安科技大学化学与化工学院王水利、樊晓萍、杨志远、杨伏生、李振、刘丽君等老师的大力帮助,在此表示衷心感谢!

　　由于水平有限,书中疏漏和不妥之处在所难免,希望读者批评指正。

编　者

2012 年 3 月

前　言

目　　录

第一部分　基础实验

第二部分　综合性、设计性实验

第一部分　基础实验

第1章 破碎与磨矿实验

1.1 细粒物料的粒度组成筛分分析

一、实验目的

(1)学习使用振筛机对松散细粒物料进行干法筛分的方法。

(2)学习筛分数据的处理及分析方法,研究、确定、分析物料的粒度组成及分布特性。

(3)学习、训练利用筛分实验结果进行数学分析及粒度特性曲线分析。

二、基本原理

松散物料的筛分过程主要包括两个阶段:

(1)易于穿过筛孔的颗粒和不能穿过筛孔的颗粒所组成的物料层到达筛面。

(2)易于穿过筛孔的颗粒透过筛孔。

实现这两个阶段,物料在筛面上应具有适当的相对运动,一方面使筛面上的物料层处于松散状态,物料层将按粒度分层,大颗粒位于上层,小颗粒位于下层,易于到达筛面,并透过筛孔;另一方面,物料和筛子的运动都促使堵在筛孔上的颗粒脱离筛面,有利于其他颗粒透过筛孔。

松散物料中粒度比筛孔尺寸小得多的颗粒在筛分开始后,很快透过筛孔落到筛下产物中,粒度与筛孔尺寸愈接近的颗粒(难筛粒),透过筛孔所需的时间愈长。

一般,筛孔尺寸与筛下产物最大粒度具有如下关系

$$d_{最大} = KD \tag{1-1}$$

式中 $d_{最大}$——筛下产物最大粒度,mm;

D——筛孔尺寸,mm;

K——形状因数(数值见表1-1)。

表1-1 K值表

孔形	圆形	方形	长方形
K值	0.7	0.9	1.2~1.7

通常用筛分效率 E 来衡量筛分效果,其关系表达式为

$$E = \frac{\beta(\alpha - \theta)}{\alpha(\beta - \theta)} \tag{1-2}$$

式中 E——筛分效率,%;

α——入料中小于规定粒度的细粒含量,%;

β—— 筛下产物中小于规定粒度的细粒含量,%;

θ—— 筛上产物中小于规定粒度的细粒含量,%。

三、实验设备及材料

(1)XSB—88 型标准振筛机一台(见图 1-1),筛具摇动频率为 221 次/min,振动频率为 147 次/min。

(2)标准套筛,筛具最大直径为 200 mm,孔径为 0.5,0.25,0.125,0.075,0.045 mm 的筛子各 1 个,底、盖 1 套。

(3)托盘天平 1 台(称量 200 ~ 500 g,感量 0.2 ~ 0.5 g)。

(4)小号搪瓷盘 6 个,中号搪瓷盆 6 个,大号搪瓷盆 2 个。

(5)—0.5 mm 散体矿样若干(煤泥、石英砂、磁铁粉各 400 g)。

(6)制样铲、毛刷、试样袋。

图 1-1 XSB—88 型标准振筛机

四、实验步骤与操作技术

(以煤泥干法筛分为例,湿法小筛分仅做演示)

(1)学习设备操作规程,熟悉实验系统。

(2)接通电源,打开振筛机电源开关,检查设备运行是否正常;确保实验过程的顺利进行及人机安全。

(3)将烘干散体试样缩分并称取 80 g。

(4)将所需筛孔的套筛组合好,将试样倒入套筛。

(5)把套筛置于振筛机上,固定好;开动机器,每隔 5 min 停下机器,用手筛检查一次。检查时,依次由上至下取下筛子放在搪瓷盘上用手筛,手筛 1 min,筛下产物的质量不超过筛上产物质量的 1%,即为筛净。筛下产物倒入下一粒级中,各粒级都依次进行检查。

(6)筛完后,逐级称其质量,将各粒级产物缩制成化验样,装入试样袋送往化验室进行必要的分析。

(7)关闭总电源,整理仪器及实验场所。

(8)实验指导教师进行湿法筛分的过程演示及注意事项讲解。

五、数据记录与处理

(1)将实验数据和计算结果按规定填入松散物料筛分实验结果表(见表 1-2),并按照表中要求计算出各粒级产率和累积产率。

(2)误差分析:

$$实验误差 = \frac{试样质量 - 筛分后各级别质量之和}{试样质量} \times 100\%$$

筛分前试样质量与筛分后各粒级产物质量之和的差值,不得超过筛分前煤样质量的

2.5%，否则实验应重新进行。

（3）按照表 1-2 中要求计算出各粒级产率和累积产率。

（4）绘制粒度特性曲线：直角坐标法（累积产率或各粒级产率为纵坐标，粒度为横坐标）、半对数坐标法（累积产率为纵坐标，粒度的对数为横坐标）、全对数坐标法（累积产率的对数为纵坐标，粒度的对数为横坐标）。

1）绘制直角坐标的粒度特性曲线，即累积产率和粒度的关系曲线。其关系式为

$$\sum r_i = f(d_i)$$

2）绘制半对数坐标粒度特性曲线，即累积产率和粒度的对数的关系曲线。其关系式为

$$\sum r_i = f(\lg d_i)$$

3）绘制全对数粒度特性曲线，即累积产率的对数和粒度的对数的关系曲线。其关系式为

$$\lg \sum r_i = f(\lg d_i)$$

（5）分析试样的粒度分布特性。

（6）编写实验报告。

表 1-2　松散物料筛分实验结果

试样名称＿＿＿＿＿　　试样粒度＿＿＿＿＿＿mm　　试样质量＿＿＿＿＿g

试样来源＿＿＿＿＿　　试样其他指标＿＿＿＿＿　　实验日期＿＿＿＿＿

粒 度		质量 /g	产率 r/(%)	正累积 /(%)	负累积 /(%)
d/mm	网目				
＋0.5					
0.5～0.25					
0.25～0.125					
0.125～0.074					
0.074～0.045					
－0.045					
合　　计					
误差分析					

实验人员：　　　　　　　　日期：　　　　　　　指导教师签字：

六、思考题

（1）影响筛分效果的因素有哪些？湿法筛分与干法筛分的效率有何差别？

（2）如何根据累积粒度特性曲线的几何形状对粒度组成特性进行大致的判断？

（3）举出几种其他的微细物料粒度分析方法，并说明其基本原理和优缺点。

（4）查阅文献，举出几种常用的超细粉体分级设备，简述其原理及特点。

1.2 物料可磨度测定实验

一、实验目的

（1）了解实验室磨碎设备的基本原理和结构。
（2）学习物料可磨度的常用评价方法。
（3）掌握绝对可磨度的测定方法，训练磨矿数据的处理、分析能力。
（4）理解矿石可磨度的物理意义及矿石可磨度与磨机生产率的关系。

二、基本原理

用所测出的磨矿设备单位容积生产能力或单位耗电量的绝对值来度量物料的可磨度，叫绝对可磨度。

开路法是将一定数量的平行试样在所需的磨矿条件下，依次分别进行不同时间的磨矿，然后将每次的磨矿产物用套筛进行筛分，建立磨矿时间与磨矿产物各粒级累积产率的关系，从而找出将物料磨到目标细度（如按 $-75\ \mu m$ 含量计算）所需要的磨矿时间 t。

磨机的单位生产能力即绝对可磨度，有两种表示方式。

（1）按给料量计算，可表示为

$$q = \frac{60m}{Vt} \tag{1-3}$$

式中　q——在指定的给料和产物粒度下，按给料量计算的单位容积生产能力，g/h；
　　　m——试样原始质量，g；
　　　V——实验用磨矿机体积，L；
　　　t——磨到目标细度所需要的磨矿时间，min。

（2）按单位容积新生的目标细度（如 $-75\ \mu m$）产物计算应为

$$q^{-75} = \frac{60m\gamma^{-75}}{Vt} \tag{1-4}$$

式中　q^{-75}——按新生 $-75\ \mu m$ 产物量计算的单位容积生产能力，g/h；
　　　γ^{-75}——新生 $-75\ \mu m$ 产物含量，%。

三、实验设备及材料

（1）仪器：实验室磨机，标准套筛，振筛机，托盘天平（称量 200～500 g，感量 0.1 g）。
（2）工具：试样盘（盆）6个，毛刷1个，试样铲1个，缩分器1个，缩分板2个，秒表1个。
（3）材料：3～0.5 mm 无烟煤，磁铁矿、铜矿、石灰石、蒙脱石各 2 kg，试样袋若干。

四、实验步骤与操作技术

（1）学习设备的操作规程；检查所用磨矿设备是否运转正常，确保实验过程的顺利进行和人机安全。
（2）缩制3份平行样（烘干样），每份 100 g 待用。

（3）依次将每份试样装入磨矿机进行磨碎，磨碎时间分别为 t_1,t_2,t_3。

（4）将磨矿产物全部清理收集，用标准套筛筛分。

（5）对每一层筛上产物称其质量，并记录相关数据。

五、实验注意事项

（1）实验过程应保证每次磨矿入料的性质、磨矿条件的平行；每次磨矿结束后应将磨矿机清理干净，磨矿产物全部进行筛分。

（2）实验完毕认真清理实验设备，整理实验场所。

六、数据记录与处理

（1）将实验数据记录于磨矿实验数据记录表（见表 1-3）。

（2）计算目标产物的产率，分析物料粒度组成与磨矿时间的变化关系。

（2）绘制 $-75~\mu m$ 产物的产率与磨矿时间的关系曲线。

（4）计算 q^{-75}。

（5）编写实验报告。

表 1-3　磨矿实验数据记录表

样品名称：　　　　　　　　　　样品粒度范围：

序　号	1		2		3	
磨矿时间 t/min						
粒度级 /mm	质量 /g	产率 /（%）	质量 /g	产率 /（%）	质量 /g	产率 /（%）
合　计						
入料质量 /g						
误差						

实验人员：　　　　　　　日期：　　　　　　　指导教师签字：

七、思考题

（1）在本实验过程中，如何保证各次磨矿结果的可比性？

（2）参考相关文献，试列举几种其他的物料可磨度评价与测定方法。

（3）解释闭路磨矿和开路磨矿的概念及两种磨矿方式的特点。

（4）影响磨矿效果的因素有哪些？

1.3　磨矿影响因素实验

一、实验目的

（1）熟悉磨矿机的构造与操作。

（2）了解磨矿机装矿量对磨矿机生产率的影响。

（3）了解磨矿浓度对磨矿机生产率的影响。

二、基本原理

磨矿机粉碎矿石的原理可简述如下：当磨矿机以一定转速旋转，处在筒体内的磨矿介质由于旋转时产生离心力，致使它与筒体之间产生一定摩擦力，摩擦力使磨矿介质随筒体旋转，并到达一定高度。当其自身重力大于离心力时，就脱离筒体抛射下落，从而击碎矿石，同时，在磨矿机运转过程中，磨矿介质与筒体、介质间还有相对滑动现象，对矿石产生研磨作用。因此，矿石在磨矿介质产生的冲击力和研磨力联合作用下得到粉碎。

三、实验设备及材料

（1）棒磨机（见图1-2）。

（2）100目或150目筛子。

（3）天平、铲子、量筒、烘箱等。

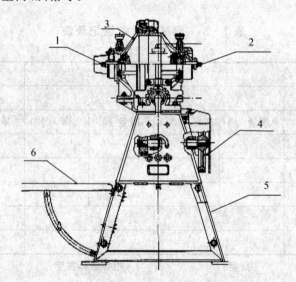

图1-2 XMH—68型160×200棒磨机结构图

1—排矿端塞子；2—给矿端塞子；3—筒体；4—电机皮带轮；5—支架；6—盛矿浆托架

四、实验步骤与操作技术

1. 装矿量实验

（1）取试样4 kg，用四分法分成8等份，每份500 g，另将其中一份500 g试样再用四分法分成两份各250 g，从而配成250,500,750,1 000g 4份试样。

（2）按液固比1:1分别将已配好的试样按先加水后加矿石的次序装入磨矿机，启动磨矿机，磨矿10 min后，将磨矿机中物料倒出，并清洗磨矿机。

（3）将4份已研磨完成的试样在检查筛上进行筛析，筛上物料进行烘干，并称其质量。

（4）将数据填入装矿量实验数据表（见表1-4）。

2. 磨矿浓度实验

（1）取试样 4 kg，用四分法分成 8 等份，每份 500 g。

（2）按液固比 0.5 : 1，1 : 1，1.5 : 1，2 : 1 的条件分别将 500 g 试样按照先加水后加矿石的次序装入磨矿机，启动磨矿机，磨矿 10 min 后，将磨矿机中物料倒出，并清洗磨矿机。

（3）将 4 份已研磨完成的试样在检查筛上进行筛析，筛上物料进行烘干并称其质量。

（4）将数据填入磨矿浓度实验数据表（见表 1-5）。

五、数据记录与处理

（1）将实验数据记录在表 1-4 和表 1-5 中。

（2）根据表 1-4 和表 1-5 的数据，分析磨矿机装矿量、磨矿浓度对磨矿机生产率的影响，并分别绘制装矿量-产率和磨矿浓度-产率的关系曲线图。

（3）编制实验报告。

表 1-4　装矿量实验数据表

装矿量 /g		250	500	750	1 000
筛上量	质量 /g				
	产率 /(%)				
筛下量	质量 /g				
	产率 /(%)				

表 1-5　磨矿浓度实验数据表

浓度（液固比）		0.5 : 1	1 : 1	1.5 : 1	2 : 1
筛上量	质量 /g				
	产率 /(%)				
筛下量	质量 /g				
	产率 /(%)				

实验人员：　　　　　　　日期：　　　　　指导教师签字：

六、思考题

（1）简述装矿量对磨矿机生产率的影响。

（2）简述磨矿浓度对磨矿机生产率的影响。

1.4　振动筛筛分效率的测定

一、实验目的

（1）熟悉振动筛的构造与操作。

（2）掌握测量筛分效率的方法。

二、基本原理

筛分效率是指实际得到的筛下产物中小于筛子尺寸的细粒级质量与筛分作业给矿中小于筛孔尺寸的细粒级质量之比，用百分数表示为

$$E = \frac{m_1}{m_0} \times 100\% \qquad (1-5)$$

式中　E——筛分效率，%；

　　　m_0——筛分作业给矿中小于筛孔尺寸的细粒级质量，kg；

　　　m_1——筛下产物中小于筛孔尺寸的细粒级质量，kg。

实际生产中，筛分过程是连续进行的，很难把筛分作业的产物的质量称出来。因此，要将原矿质量和筛下产物质量进行直接称量是很困难的。但可以对筛分作业的各产物进行筛析，从而测得筛分作业给矿、筛下产物和筛上产物所通过筛孔尺寸的细粒级质量的百分数。因此，筛分效率可用下式计算

$$E = \frac{\beta(\alpha - \theta)}{\alpha(\beta - \theta)} \times 100\% \qquad (1-6)$$

式中　α——原矿料中小于筛孔尺寸粒级的含量，%；

　　　β——筛下产物中小于筛孔尺寸粒级的含量，%；

　　　θ——筛上产物中残存的小于筛孔尺寸的粒级含量，%。

在公式（1-6）中，如果认为筛下产物中小于筛孔尺寸粒级 $\beta = 100\%$，则公式（1-6）可以简化为

$$E = \frac{100(\alpha - \theta)}{\alpha(100 - \theta)} \times 100\% \qquad (1-7)$$

因此，当按公式（1-7）测定筛分效率时，只需要进行以下步骤：

（1）取给矿平均试样，进行筛析，得到数据 α；

（2）取筛上产物的平均试样，得到数据 θ，然后将 α，θ 数据代入公式（1-7）中，则可得到相应粒级的筛分效率。

应当指出，如果筛分网磨损，或是筛面质量不高时，则会出现大于筛孔尺寸的颗粒进入筛下产物，考虑到这一情况，筛分效率应以公式（1-6）进行计算。这样可以了解到筛子的工作质量状态：如果 E 反常地急剧增长，有可能筛网磨损严重，或是筛面质量不高，筛孔尺寸不符合质量要求。

三、实验设备及材料

（1）偏心振动筛 1 台。

（2）实验检查筛 1 套。

（3）电子天平 1 台。

（4）铲子、盆、秒表等。

四、实验步骤与操作技术

（1）称取直径大于 6 mm 的矿样 3～4 kg，再称取直径小于 6 mm 的矿样 4～6 kg，然后

混匀。

（2）检查振动筛运转是否正常。

（3）关闭振动筛给矿槽的出矿口，将矿样放入给矿槽内。

（4）启动振动筛，再慢慢打开给矿槽出矿口，同时开始计时，直到筛分完毕为止。

（5）将筛上产物用 6 mm 的实验手筛筛析，并将筛下产物称其质量。

五、数据记录与处理

（1）将数据记录于筛分效率表（见表 1-6）。

（2）绘制筛分效率与筛分时间的关系曲线图。

（3）编制实验报告。

表 1-6　筛分效率表

实验分组号	筛分时间 t/s	α/(%)	θ/(%)	E/(%)
1				
2				
3				
4				
5				
6				

实验人员：　　　　　　　日期：　　　　　　　指导教师签字：

六、思考题

（1）筛分效率与筛分时间有什么关系？

（2）连续作业中筛分效率怎样测定？

1.5　颚式破碎机产物粒度特性测定

一、实验目的

（1）熟悉颚式破碎机的构造与操作，掌握破碎机矿口的测定和调节。

（2）了解颚式破碎机产物粒度特性。

（3）绘制产物粒度特性曲线。

二、基本原理

颚式破碎机的工作原理：将物料送入定颚和动颚之间的破碎腔中，当动颚向定颚靠拢时物料受到挤压破碎；当动颚向定颚离开方向运动时，物料靠自重向下排送。

三、实验设备及材料

（1）复杂摆动式破碎机（颚式破碎机）1 台（见图 1-3）。

(2) 实验用筛 1 套。

(3) 铅球,卡钮,直尺,天平,取样用具 1 套。

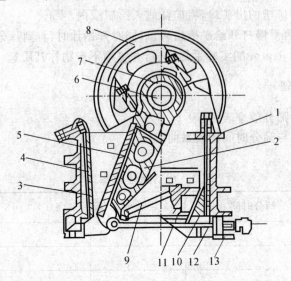

图 1-3　复杂摆动式破碎机

1—机架;2—可动颚板;3—固定颚板;4,5—破碎齿板;6—偏心传动轴;7—轴孔;
8—飞轮;9—肘板;10—调节楔;11—楔块;12—水平拉杆;13—弹簧

四、实验步骤与操作技术

(1) 将破碎机排矿口调节至适当尺寸。

(2) 检查破碎机运转是否正常。

(3) 称取试样 5～10 kg 均匀放入破碎机给矿口内。

(4) 将破碎产物用实验手筛筛析(按筛孔减小顺序筛析)并将筛析各位级称量记录。

五、数据记录与处理

(1) 将原矿和破碎产物筛分结果记录于筛析结果记录表(见表 1-7)。

(2) 根据筛析结果绘制破碎机产物粒度特性曲线(绘制简单坐标,正累积粒度特性曲线),即

$$y = f(d)$$

式中　y——产物累积产率,%;

　　　d——筛孔尺寸,mm。

(3) 根据产物粒度特性曲线指出下列值:

1) 原矿最大粒度 D_{max} _____ mm;

2) 破碎产物最大粒度 d_{max} _____ mm;

3) 破碎比 $R = \dfrac{D_{max}}{d_{max}}$;

4) 残余粒含量(%),即大于排矿口尺寸的含量。

(4) 编制实验报告。

表 1-7　筛析结果记录表

破碎机名称：　　　　　　　　　　排矿口宽度：

物料名称：　　　　　　　　　　　实验日期：

原矿筛析				破碎产物筛析				
原矿总质量：＿＿＿＿＿＿（kg）				破碎产物总质量：＿＿＿＿＿＿（kg）				
筛孔 mm	质量 kg	级别产率 %	筛上累积产率 %	筛孔 mm	排矿口宽度 mm	质量 kg	级别产率 %	筛上累积产率 %
合计								

实验人员：　　　　　　　　　日期：　　　　　　　　指导教师签字：

六、思考题

(1) 颚式破碎机产物粒度特性曲线能反映哪些问题？

(2) 简单摆动和复杂摆动式破碎机有哪些不同？

1.6　磨矿介质运动状态实验

一、实验目的

(1) 通过观察实验进一步了解磨矿机在不同转速、不同充填率下介质的运动状态。

(2) 掌握介质充填率的测定方法。

二、基本原理

球磨和棒磨都是由筒体转动使内部装的磨矿介质发生运动，因此对矿石产生磨碎作用。它们内部装的磨矿介质的运动，有很多相似之处，因为钢球的运动状态已经研究得比较充分，所以选它作为代表来做说明。既然磨矿作用是钢球运动产生的效果，那么研究钢球的运动学的目的，就在于对磨矿机的生产率、消耗的动力和最佳的主要磨矿条件等作根本性的探讨。

磨矿机内的钢球运动可以归纳为图 1-4 所示的 3 种典型状态：泻落式、抛落式和离心式运动。

当磨矿机的转速较低时，筒体内的钢球向上偏转一定角度，当倾斜角超过钢球在筒体表面上的自然休止角时，钢球即沿此斜坡滑下，钢球的这种运动状态叫做泻落式运动，如图 1-4(a) 所示。在泻落式工作的磨矿机中，矿料在钢球间受到磨剥作用。如果磨矿机的转速足够高，钢球自转并随筒体内壁作圆周曲线运动上升至一定高度，然后纷纷作抛物线下落。钢球落下的地方,叫底脚区,其中的钢球强烈地翻滚,这种运动状况叫抛落式运动,如图 1-4(b) 所示。在抛落式工作的磨矿机中,矿料在圆周曲线运动区受到钢球的磨剥作用,在底脚区受到落下的钢球的冲击和强烈翻滚着的钢球的磨剥。当磨矿机的转速高到超过某一临界值时,钢球就贴在衬板上不再落下,这种状态叫离心式运动,如图 1-4(c) 所示。当发生离心运动时,矿料是附着在衬板上的。

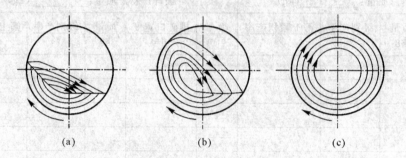

(a)　　　　　　　　　　(b)　　　　　　　　　　(c)

图 1-4　研磨介质的运动状态

(a) 泻落式运动;(b) 抛落式运动;(c) 离心式运动

以上这些情形,都是就磨矿机内装有一定数量的钢球而言的,如果磨矿机内只有少量的钢球,它们只是在磨矿机内的最低点摆动,就不会发生上面讲的 3 种情况。球磨机中钢球的充填率一般为 40% ~ 50%。

三、实验设备及材料

(1) 实验用磨矿机 1 台。

(2) 大、中、小钢球若干。

(3) 转速表 1 块,秒表 1 块,钢尺 2 块。

四、实验步骤与操作技术

(1) 本实验选定钢球充填率 φ 分别为 30%,40%,50%。

(2) 磨矿介质表面距磨矿机筒体中心的距离的计算。如图 1-5 所示,钢球充填率为

$$\varphi = \left(50 - 127\,\frac{b}{D}\right) \qquad (1-8)$$

因而有

$$b = \frac{(50 - \varphi)D}{127} \qquad (1-9)$$

式中　　D——磨矿机筒体直径,mm;

　　　　b——磨矿介质表面距磨矿机筒体中心的距离,mm。

(3) 根据计算出的 b 值,填充钢球使得充填率 φ 为 30%。

(4) 启动调压箱按钮(绿指示灯亮),然后缓慢扭动调压旋钮,分别将电压调至 50,75,100,125,175 V 并测出相应的转速 n。调压过程中注意观察介质运动状态的变化(泻落式、抛落式、离心式),并记录变化中的现象。

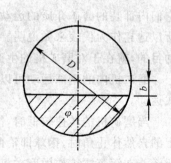

图 1-5　钢球填充率计算图

（5）当电压为 50 V 时，转速表测不出，需预先在磨矿机上做好标记，按动秒表，记数 1 min 的转速。当电压调至 75 V 以上时改换转速表测量。转速表的使用见其说明书。

（6）各电压测定后，缓慢地降低电压，直至停止转动。

（7）40%，50% 充填率的测定方法与 30% 完全一样，不同之处是每测定一个充填率需按计算出的高度补加钢球。

五、实验注意事项

（1）当电压调至 100 V 以上时，磨矿机转速相当快，并且振动很厉害，不要靠近磨矿机，以防止发生危险。

（2）当测定转速时，必须双手牢牢握住转速表，防止滑落。

（3）当测量充填率时，不要随意启动按钮。

六、数据记录与处理

（1）将测定的数据填入电压与转速测定记录表（见表 1-8）。

（2）根据表 1-8 中数据，以电压 U 为横坐标，转速 n 为纵坐标绘制不同充填率情况下电压与磨矿机转速的关系曲线图。

（3）编写实验报告。

表 1-8　电压与转速测定记录表

实验用磨矿机：D _____ mm　　　　理论临界转速：_____ r/min

电压 U/V	充填率					
	$\varphi = 30\%$		$\varphi = 40\%$		$\varphi = 50\%$	
	转速 n r/min	观察现象	转速 n r/min	观察现象	转速 n r/min	观察现象
50						
75						
100						
125						
150						
175						

实验人员：　　　　　　日期：　　　　　　指导教师签字：

七、思考题

（1）分析比较不同充填率下发生抛落和离心时转速有什么变化？

（2）发生泻落、抛落和离心时分别对磨矿效率有什么影响？

1.7 磨矿动力学实验

一、实验目的

(1) 学会实验室小型球磨机的使用,掌握磨矿实验的操作方法。

(2) 了解磨矿产物细度与磨矿时间的关系,即磨矿产物细度随磨矿时间增加的规律性。

二、基本原理

磨矿动力学方程可表示为

$$R = R_0 e^{-Ktn} \tag{1-10}$$

式中　R —— 经过时间 t 后,磨矿机物料中粗级别残留物的百分含量,%;

R_0 —— 当 $t = 0$ 时,磨矿机物料中粗级别物料百分含量,%;

t —— 磨矿时间,min;

K —— 与磨矿条件有关的参数;

n —— 与物料性质有关的参数;

e —— 自然对数的底。

由式(1-10)可以看出,同一物料磨矿时,磨矿机中其粗级别残留量的多少除了与磨矿时间有关系外,也与磨矿条件和物料有关。当磨矿条件和物性不变时,K 和 n 为常数,求出常数 K 和 n 代入式(1-10),便得到动力学方程。

由式(1-10)变换得

$$\frac{R_0}{R} = e^{Ktn} \tag{1-11}$$

对式(1-11)取两次对数得

$$\ln\left(\ln\frac{R_0}{R}\right) = n\ln t + \ln K \tag{1-12}$$

显然在 $\left[\ln t, \ln\left(\ln\frac{R_0}{R}\right)\right]$ 坐标系中,式(1-12)为一直线。其截距为 $\ln K$,斜率为 n,如果利用磨矿实验得出的4组数据绘制的 $\ln\left(\ln\frac{R_0}{R}\right) - \ln t$ 曲线为一直线,即可以从该直线上直接求出 n 和 K 的值。也可将4组实验中的 t 和 R 值代入式(1-12)便得到4个以 n 和 $\ln K$ 为未知数的二元一次方程,然后合并成两个方程(其中两个相加),可解方程求出参数 n 和 K 的值,再将 n 和 K 代入式(1-10)便可得到动力学方程。

三、实验设备及材料

(1) 实验室磨矿机1台,湿式分样机1台,取样工具,大、小搪瓷盆,500 mL 量筒1个,200目筛子1个,样袋等。

(2) 试样物料为硫铁矿,粒度 2~0 mm,取7袋(2袋做备用),每袋400 g。

四、实验步骤与操作技术

实验主要进行湿式磨矿及产物处理,步骤如下:

（1）磨矿前的准备工作与实验 1.6 相同。

（2）按介质 — 水 — 矿石 — 水的顺序进行，否则一些矿石被压，黏在磨矿机底部不易被研磨，按矿浆浓度 50% 加入水量，每次实验条件保持不变。

（3）启动磨矿机并计时，至规定时间停机，将矿浆冲洗到搪瓷盆内。

（4）将搪瓷盆内的矿浆倒入湿式分样机搅拌进行分样，取对角合并用 200 目筛子进行湿式筛分。

（5）筛上产物烘干，检查筛分并称其质量，然后分别装入试样袋中。

五、数据记录与处理

（1）将相应实验数据填入实验结果记录表（见表 1 - 9）。

（2）根据表 1 - 9 中的数据绘出以横坐标为磨矿时间，纵坐标为筛下产物产率的曲线，即 $R_{-200目} = f(t)$ 曲线，并在曲线上求出当 −200 目占 85% 时的磨矿时间 t。

（3）利用表 1 - 9 中的数据，求出磨矿动力学方程，并计算出当 −200 目占 85% 时的磨矿时间 t'，然后与曲线上求出的 t 进行比较。

（4）编写实验报告。

表 1 - 9　实验结果记录表

试样名称：　　　　　试样质量：　　　　　试样粒度：　　　　　试样浓度：

磨矿时间 /min	＋200 目质量 /g	−200 目质量 /g	$\dfrac{R_0}{R}$	$\ln\left(\ln\dfrac{R_0}{R}\right)$	$\ln t$	备注
0						R_0——原矿中粗级别物料百分含量分数；
5						
10						R—— 磨矿时间为 t 时磨矿机中粗级别残留物的百分含量
15						
20						

实验人员：　　　　　　日期：　　　　　　指导教师签字：

六、思考题

（1）磨矿产物细度随磨矿时间增加的规律性如何？

（2）分析影响参数 K 的磨矿条件主要有哪些。

第2章 重力分选实验

2.1 固体物料比重的测定

一、实验目的

(1) 用比重瓶法测定粉状物料的比重。

(2) 掌握比重瓶法测定粉状物料的实验技术。

二、基本原理

从物理学中可知：单位体积物料的质量叫做密度，用 ρ 表示；物料的密度与参考物质密度之比叫做相对密度，若参考物质是水，在工程上习惯地把这时的相对密度称为比重，用 δ 表示。所以说，比重是物料与同体积水的质量比。

因此，当用比重瓶法测定粉状物料的比重时，关键是测出物料同体积水的质量。有了物料的质量 m 和介质的比重 Δ，则物料的比重可按下式计算：

$$\delta = \frac{m\Delta}{m_1 + m - m_2} \qquad (2-1)$$

式中　m——试样质量，kg；

　　　m_1——比重瓶和装满水的质量和，kg；

　　　m_2——比重瓶、水、试样的质量和，kg；

　　　Δ——水的比重（一般取 1）；

　　　δ——试样比重。

如图 2-1 所示为几种类型的比重瓶，其中图 2-1(a) 适合实验室测定黏度较大的液体及固体密度的比重；图 2-1(b) 是固体比重瓶，适合实验室测定砂、石及其他细粒的非沥青质细粒的比重；图 2-1(c) 是适合实验室测定各类液体的比重；图 2-1(d) 是适合实验室测定各类液体的比重，由于该类型比重瓶有盖，也可用于易挥发物质比重的测定。

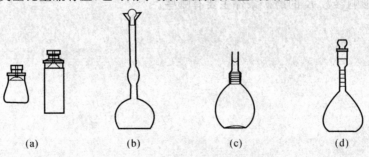

(a)　　　　　(b)　　　　　(c)　　　　　(d)

图 2-1　各种类型的比重瓶

三、实验设备及材料

(1) 烘箱 1 台。

(2) 200 g 分析天平 1 台(感量 0.1 mg)。

(3) 固体比重瓶 2 个,容积分别为 25,50 mL。

(4) 电炉 1 台。

(5) 试样若干。

四、实验步骤与操作技术

(1) 将比重瓶清洗干净后,称烘干的试样 15 g,通过漏斗细心把试样倾入洗净的比重瓶内,并将附在漏斗上的试样扫入瓶内。

(2) 注蒸馏水入比重瓶至半满,摇动比重瓶使试样分散和充分润湿,然后将比重瓶和用于实验的蒸馏水一同置于电炉板上加热,赶走瓶内空气,加温时间要保证瓶内蒸馏水沸腾10 min 以上。

(3) 将经煮沸的蒸馏水注入比重瓶至满,然后断开电炉板电源,待瓶内蒸馏水慢慢冷却至室温。

(4) 将比重瓶的瓶塞塞好,使多余的水自瓶塞毛细管中溢出,用滤纸擦干瓶外的水分后,称瓶、水、试样的质量和,得 m_2。

(5) 将试样倒出,洗净比重瓶,注入经加热赶走空气的蒸馏水至比重瓶满,塞好瓶塞,擦干瓶外水分,称瓶、水的质量和得 m_1。

(6) 重复步骤(1)～(5),作 3 次。将 3 次得到的 m,m_1,m_2 和水的比重,按公式(2-1)计算 δ,最后取 3 次 δ 的平均值,即为被测物料的比重值。

五、数据记录与处理

(1) 将实验数据记录在实验数据记录表(见表 2-1)。

(2) 按照公式(2-1)计算 δ 值。

(3) 编写实验报告。

表 2-1   实验数据记录表

实验次数	试样质重 m kg	瓶+水质量 m_1 kg	瓶+水+试样质量 m_2 kg	试样比重 δ
1				
2				
3				
平均				

实验人员:　　　　　　　日期:　　　　　　指导教师签字:

六、思考题

(1) 当测定粉状物料比重时,为什么要将所用蒸馏水中的空气赶跑干净?

(2) 赶跑蒸馏水中的空气,除加热煮沸外,还有哪些方法?

2.2 粒群密度组成与重选可选性分析

一、实验目的

(1) 学习粒群密度组成测定的基本原理与方法。

(2) 了解浮沉液的配制方法。

(3) 学习浮沉数据的处理与重选可选性曲线的绘制、分析方法。

二、基本原理

当散体物料置于一定密度的重液中时,根据阿基米德定律,密度大于重液密度的颗粒将下沉(沉物),密度小于重液的颗粒则上浮(浮物),密度与重液密度逼近或相同的颗粒处于悬浮状态。对重力选矿来说,矿石密度与矿石品位(质量)之间具有很强的相关性,这也是采用重力分选获得较高品位矿物产物的依据。

根据上述原理,使用特制的工具在不同密度的重液中捞起不同密度物料的实验即为浮沉实验。浮沉实验根据所处理的粒度范围分为小浮沉和大浮沉。

对重力选矿来说,矿样可按下列密度分成不同密度级:1.30,1.40,1.50,1.60,1.70,1.80,2.00 kg/L 等。

重液密度可依据下式计算(密度瓶法):

$$\rho_{重液} = \frac{m_3 - m_1}{m_2 - m_1}\rho_w \qquad (2-2)$$

式中 m_1——空密度瓶质量,kg;

m_2——注水后密度瓶与水的总质量,kg;

m_3——注满待测重液时密度瓶和待测重液的总质量,kg;

$\rho_{重液}$——待测重液的密度,kg/L;

ρ_w——水的密度(取 1),kg/L,也可用密度计直接测量。

三、实验设备及材料

(1) 浮沉实验主要设备:密度计 1 套(分度值为 0.001 g/cm³,见图 2-2),台秤(1 kg),大浮沉器具 1 套,小浮沉器具 1 套,天平 1 套。

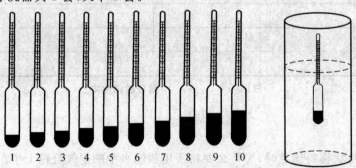

图 2-2 密度计及其使用示意图

(2) 6～3 mm 级浮沉试样 4 kg；－0.5 mm 煤泥 60 g。

(3) 中号试样盘（盆）若干。

(4) 氯化锌、四氯化碳、苯（或三溴甲烷）。

四、实验步骤与操作技术

（以测定煤炭密度组成的大浮沉为例）

(1) 重液配置。煤炭浮沉实验常用氯化锌配制重液，其优点是易溶于水、易配制、价廉等，缺点是腐蚀性较大。

配制各种密度的氯化锌重液可参考重液配制表（见表 2-2）进行，并用密度计反复测量，使重液密度准确到 0.003 kg/L。

表 2-2　重液配制表

药剂	水、氯化锌	四氯化碳、苯		四氯化碳、三溴甲烷	
重液密度 kg/L	水溶液中氯化锌质量分数 /%	四氯化碳和苯体积分数 /（%）		四氯化碳和三溴甲烷体积分数 /（%）	
		四氯化碳	苯	四氯化碳	三溴甲烷
1.3	31	60	40		
1.4	39	74	26		
1.5	46	89	11	98	2
1.8	52			79	21
2.0	63			59	41

(2) 将已配制的重液装入重液桶并按密度大小顺序排列，桶中重液的液面不低于桶上缘 350 mm。最低密度重液分别装入两个重液桶，一个作浮沉实验用，另一个作为缓冲液（请考虑为什么？）。

(3) 称 4 kg 煤样放入网底桶内，用水洗净附着在煤块上的煤泥，滤去洗水，再进行浮沉实验。收集冲洗出的煤泥水，用澄清法或过滤法回收煤泥，然后干燥称其质量，此煤泥称为浮沉煤泥。

(4) 将网底桶（装有洗好的煤样）放入缓冲液中浸润一下，提起并斜放在桶边上滤尽重液，再放入做浮沉用的最低密度的重液桶内，用木棒轻轻搅动或将网底桶缓缓地上下移动，然后使其静止分层，分层时间不少于下列规定：

1) 粒度大于 25 mm 时，分层时间为 1～2 min；

2) 最小粒度为 3 mm 时，分层时间为 2～3 min；

3) 最小粒度为 1～0.5 mm 时，分层时间为 3～5 min。

(5) 小心地用捞勺按一定方向捞取浮物。捞取深度不得超过 100 mm。捞取时应注意勿使沉物搅起混入浮物中。待大部分浮物捞出后，再用木棒搅动沉物，然后仍按上述方法捞取浮物，反复操作直到捞尽为止。捞出的浮物倒入盘中，并做好标记。

(6) 把装有沉物的网底桶缓慢提起，斜放在桶边上滤尽重液，再放入下一个密度的重液桶中，用同样方法逐次按密度顺序进行。直到该煤样全部实验完为止，最后将沉物倒入盘中。

(7) 各密度级产物分别滤去重液，用水冲尽产物上残存的重液（最好用热水冲洗）。然后放入温度不高于 100℃ 的干燥箱内干燥,干燥后取出冷却,达到空气干燥状态再称其质量。

五、实验注意事项

(1)浮沉实验所用重液是具有腐蚀性的液体,在配制重液和进行实验过程中应避免与皮肤接触,要戴眼镜、穿胶鞋、围胶皮围裙等。

(2)整个实验过程中应随时用密度计测量和调整重液的密度,保证重液密度值的准确。

(3)实验中注意回收氯化锌溶液。

(4)浮沉顺序一般是从低密度级向高密度级进行。如果煤样中含有易泥化的矸石或高密度物含量多时,可先在最高密度重液内浮沉。捞出的浮物仍按由低密度到高密度顺序进行浮沉。

六、数据记录与处理

(1)各密度级产物和煤泥烘干后分别称其质量,将数据记入大浮沉实验报告表(见表2-3)中。

(2)将各级产物和煤泥分别缩制成分析煤样,测定其灰分。当原煤硫分超过 1.5% 时,各密度级产物应测定全硫。

表 2-3 大浮沉实验报告表

浮沉实验编号:　　　　　　　　实验日期:　　年　月　日

煤样粒级:　　　　mm　　　　　煤样灰分:　　　　%

全硫 $S_{t,d}$:　　　%　　　　　　煤样质量:　　　　kg

密度级 kg/L	质量 kg	产率		质量	累积		±0.1含量 %
		占本级/(%)	占全样/(%)	灰分/(%)	浮物/(%)	沉物/(%)	
<1.3							
1.3~1.4							
1.4~1.5							
1.5~1.6							
1.6~1.8							
>1.8							
合　计							
浮沉煤泥							
总　计							

实验人员:　　　　　　日期:　　　　　指导教师签字:

(3)误差分析。

1)数量误差分析。浮沉实验前空气干燥状态的煤样,质量与浮沉实验后各密度级产物的空气干燥状态质量之和的差值,不得超过浮沉实验前煤样质量的 2%,否则该实验应重新进行。

2)质量指标误差分析(不同对象对应有不同的要求,具体请参考有关标准)。

（4）绘制可选性曲线，说明每条曲线的物理意义及使用方法。

（5）编写实验报告。

七、思考题

（1）浮沉实验在重选生产实践中有哪些作用？

（2）查阅文献，加强对理论分选密度、实际分选密度、错配物、分配率、±0.1 含量等概念的理解。

（3）设计一套考查某重选（重介旋流器、跳汰机等）设备分选效率的实验方案，绘制工作流程图，给出各环节的注意事项。

2.3　异类粒群悬浮分层的规律研究

一、实验目的

（1）观察和研究异类粒群在上升水流中的悬浮分层现象和规律。

（2）验证异类粒群悬浮分层的临界水速公式，加深对干扰沉降基本规律的理解。

二、基本原理

异类粒群的悬浮分层有两种观点：① 里亚申柯的相对密度悬浮分层学说；② 张荣曾等提出的重介质分层学说。

里亚申柯的相对密度悬浮分层学说认为粒群所构成的悬浮体在密度方面具有与均质介质相同的性质，当两种悬浮体彼此混合时，与两种密度不同的均质介质混合一样，在上升水流作用下，始终是密度高的悬浮体集中于下层，密度低的悬浮体集中于上层。

张荣曾等提出的重介质分层学说则认为粒度比小于自由沉降比的异类粒群悬浮分层，遵循动力平衡原理，即在上升水流作用下，是按干扰沉降速度分层的，干扰沉降速度大者在下层，干扰沉降速度小者在上层。而粒度比大于自由沉降等沉比的粒群分层过程是按重介质作用分层的。即较轻颗粒的浮沉取决于重颗粒与水所组成的悬浮液的物理密度。若轻颗粒的密度小于重颗粒与水组成的悬浮液的密度，则轻颗粒在上层，否则在下层；若两者密度相等，则混杂。

实验过程的有关公式如下：

悬浮液的物理密度公式为

$$\rho_{悬} = \lambda(\delta - \rho) + \rho \tag{2-3}$$

式中　　δ——矿物颗粒密度，g/cm^3；

　　　　ρ——分选介质密度，g/cm^3（水的密度取 1 g/cm^3）；

　　　　λ——固体容积浓度。

其中

$$\lambda = \frac{m}{AH\delta} = \frac{4m}{\pi D^2 H\delta} \tag{2-4}$$

式中　　m——物料质量，g；

　　　　A——干涉沉降管断面积，cm^2；

H—— 物料悬浮高度,cm;

D—— 干涉沉降管直径,cm。

沉降管内断面流速为

$$v_a = \frac{Q}{A} = \frac{4Q}{\pi D^2} \tag{2-5}$$

式中　v_a—— 沉降管内断面流速,cm/s;

　　　Q—— 单位时间内水流量,cm³/s。

对于临界水速的计算,有里亚申柯公式和张荣曾公式。

(1)里亚申柯公式。

$$v_{a临} = v_{01} v_{02} \left[\frac{\delta_2 - \delta_1}{(\delta_2 - \rho) \sqrt[n]{v_{01}} - (\delta_1 - \rho) \sqrt[n]{v_{02}}} \right]^n \tag{2-6}$$

(2)张荣曾公式。

$$v_{a临} = v_0 \left[\frac{\delta_2 - \delta_1}{\delta_1 - \rho} \right]^n \tag{2-7}$$

其中

$$v_0 = \chi 25.8 d \left(\frac{\delta - \rho}{\rho} \right)^{2/3} \left(\frac{\rho}{\mu} \right)^{1/3}$$

式中　$v_{a临}$—— 临界水速,cm/s;

　　v_{01}, v_{02}—— 分别为煤粒及石英在水中的自由沉降末速,cm/s;

　　δ_1, δ_2—— 分别为煤粒及石英颗粒的密度,g/cm³;

　　　n—— 为颗粒形状修正指数,近似取 3.5;

　　　ρ—— 分选介质密度,g/cm³(水的密度取 1 g/cm³);

　　　v_0—— 矿粒自由沉降末速,cm/s;

　　　χ—— 矿粒球形系数;

　　　μ—— 分选介质的动力黏度,Pa·s;

　　　d—— 矿粒的体积当量直径,cm。

三、实验设备及材料

(1)直径为 56 mm、长度 1.5 m 有机玻璃干扰沉降管 1 套(见图 2-3)。

(2)秒表、钢卷尺、天平、500 mL 量筒各 1 个。

(3)粒度为 0.3 ～ 0.25 mm 的石英砂(密度为 2.65 g/cm³)200 g。

(4)密度为 1.35 ～ 1.4 g/cm³ 的煤,其中粒度 2.5 ～ 2 mm 40 g,粒度 0.6 ～ 0.5 mm 30 g。

(5)0.01% ～ 0.02% 的水玻璃溶液。

四、实验步骤与操作技术

(1)粒度为 0.3 ～ 0.25 mm 的石英砂 50 g 和 0.6 ～ 0.5 mm 的煤 30 g,均匀混合后加入沉降管,颗粒全部沉积后,缓缓开大阀门,使物料悬浮,由小到大改变水速,观察、记录、分

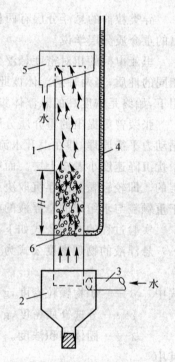

图 2-3　有机玻璃干扰沉降管

1—垂直玻璃管；2—涡流管；
3—切向给水管；4—测压支管；
5—溢流槽；6—筛网

析分层现象。

　　(2)将上述物料倒出,然后加入粒度为 0.3～0.25 mm 的石英砂 150 g 和粒度为 2.5～2 mm 的煤粒 40 g 混匀后加入沉降管。待颗粒全部沉积后缓慢开水阀,观察、记录分层现象。

　　(3)当水速较小时,煤粒在上层,但当水速继续增大时,分层现象消失;进一步增大水速,煤粒反而处于下层。分层现象消失的水速即为临界水速 $v_{a临}$,用秒表及量筒测定临界水速,并在临界水速左右改变水速 4 次。每一水速稳定后,测定流量 Q,记录分层情况并测定悬浮高度 H_1 和 H_2,计算此时的上升水速 v_a 及悬浮体的密度 $\rho_{悬1}$,$\rho_{悬2}$。

五、数据记录与处理

　　(1)将实验数据及现象记录于异类粒群悬浮分层实验数据表(见表 2-4)。

　　(2)根据异类粒群(粒度比大于自由沉降比)在上升水流中的悬浮分层结果,计算对应于每一水速的 $\rho_{悬1}$,$\rho_{悬2}$,以及 $\rho_{悬2}$ 与 δ_1 之间的关系,并进行分析。

　　(3)根据实验条件,计算临界水速理论值,并与实际比较并分析。

　　(4)编写实验报告。

表 2-4　异类粒群悬浮分层实验数据表

序号	上升水流 cm³/s	上升水速 cm/s	试样名称	试样质量 /g	悬浮高度 /cm	悬浮体密度 /(g/cm³)	分层现象
1							
2							
3							
4							
5							

实验人员:　　　　　　日期:　　　　　指导教师签字:

六、思考题

　　(1)研究沉降理论有何实际意义?举例说明沉降分离技术的应用。

　　(2)何谓干扰沉降?何谓自由沉降?

　　(3)离心沉降与重力沉降有何不同?举例说明离心沉降规律的实际应用。

2.4 静止介质中矿粒的自由沉降末速和球形系数的测定

一、实验目的

(1) 了解矿粒自由沉降末速的定义。

(2) 掌握测定矿粒自由沉降末速的方法及形状系数的计算方法。

二、基本原理

在重选过程中经常研究的矿粒,几乎全部都是非球形颗粒。由于它们表面积比同体积球体大,并且表面粗糙和形状不对称,因此,它们在介质中沉降时所受的阻力及其沉降速度,必然与球形物体有所不同。

当矿粒在静止介质中沉降时,矿粒的沉降末速依然取决于矿粒的自身密度和粒度这两个主要因素,形状的影响是有限的。当矿粒的密度和体积当量直径与球形颗粒相同时,由于形状的不同会引起沉降速度有所差异。

用于计算球形颗粒沉降末速的公式,仍然可以用于计算矿粒的沉降末速。也就是说,若用球体沉降速度公式计算形状不规则的矿粒沉降速度时,必须引入一个形状修正系数。由于形状修正系数与球形系数是很接近的,因此当进行粗略计算时,可用球形系数取代形状修正系数。这说明了使用形状修正系数来表示物体形状特征,在研究矿粒沉降运动时,具有实际意义。

(1) 实测矿粒沉降末速的计算公式。

$$v_{0矿} = \frac{H}{t} \tag{2-8}$$

式中　　$v_{0矿}$——矿粒的自由沉降末速(由实测得出),cm/s;

　　　　H——矿粒沉降的距离($H = 50$ cm),cm;

　　　　t——矿粒经过距离 H 所需的时间,s。

(2) 根据矿粒及介质的性质计算无因次参数$\mathrm{Re}^2\psi$值,计算出与矿粒同体积球体的自由沉降末速 $v_{0球}$,即 $v_{0球} = kd^x\left(\dfrac{\delta-\rho}{\rho}\right)^y\left(\dfrac{\rho}{\mu}\right)^z$,计算时根据 $\mathrm{Re}^2\psi$ 值选取相应的 k,x,y,z 值,参照表2-5。

$$\mathrm{Re}^2\psi = \frac{\pi d^3(\delta-\rho)\rho g}{6\mu^2} = \frac{G_0\rho}{\mu^2} \tag{2-9}$$

式中　　d——物料粒度以体积当量直径 d_v 代替,cm;

　　　　g——重力加速度,m/s²;

　　　　δ——物料密度,g/cm³;

　　　　ρ——水的密度,$\rho = 1$ g/cm³;

　　　　μ——介质的动力黏度,$\mu = 0.01$ P(1 Pa·s $= 10$ P)。

(3) 矿粒的形状修正系数。

$$\chi = \frac{v_{0矿}}{v_{0球}} \tag{2-10}$$

式中　χ——矿粒的形状修正系数；

　　$v_{0球}$——与矿粒等体积的球体自由沉降末速(由公式计算得出)，cm/s。

表 2-5　计算公式变量选取表

$Re^2\psi$	k	x	y	z
$0 \sim 5.25$	54.5	2	1	1
$5.25 \sim 720$	23.6	$\frac{3}{2}$	$\frac{5}{6}$	$\frac{2}{3}$
$720 \sim 2.3\times10^4$	25.8	1	$\frac{2}{3}$	$\frac{1}{3}$
$2.3\times10^4 \sim 1.4\times10^6$	37.2	$\frac{2}{3}$	$\frac{5}{9}$	$\frac{1}{9}$
$1.4\times10^6 \sim 1.7\times10^9$	54.2	$\frac{1}{2}$	$\frac{1}{2}$	0

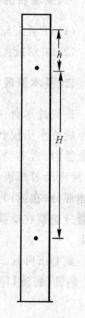

三、实验设备及材料

(1) 用具：静水沉降管(见图 2-4)，秒表，米尺，镊子。

(2) 试样及特性。

1) 塑料砂：粒度为 $2 \sim 1.6$ mm，体积当量直径为 1.78 mm，比重为 1.05。

2) 石英砂：粒度为 $0.56 \sim 0.5$ mm，体积当量直径为 0.6 mm，比重为 2.65。

四、实验步骤与操作技术

(1) 按示意图 2-4 所示将静水沉降管装好。

(2) 将静水沉降管注满水，并使水面至少高出计时起点处 30 cm(即 $h \geqslant 30$ cm)。

(3) 将塑料砂及石英砂分别取出 40 粒加水润湿，用镊子每次取一颗轻轻放入沉降管中，用秒表测出物料在通过距离 H 所需的时间，最终可对石英砂及塑料砂分别得出 40 个不同的时间 $t_1, t_2, \cdots, t_{40}$。

图 2-4　静水沉降示意图

五、数据记录与处理

(1) 将实验数据及计算结果填入同物料的自由沉降末速和球形系数表(见表 2-6)。

表 2-6　同物料的自由沉降末速和球形系数表

试料名称	物料性质		$v_{0矿}$	$Re^2\psi$	$v_{0球}$	形状修正系数 χ
	$\delta/(g/cm^3)$	d/mm				
塑料砂						
石英砂						

实验人员：　　　　　　　　日期：　　　　　　　　指导教师签字：

（2）求平均值$t_{平均} = \dfrac{t_1 + t_2 + t_3 + \cdots + t_{40}}{40}$，按$v_{0矿} = \dfrac{H}{t_{平均}}$计算出矿粒的自由沉降末速$v_{0矿}$。

（3）计算与矿粒同体积的球体的自由沉降末速$v_{0球}$，然后计算矿粒的形状修正系数。

（4）编写实验报告。

六、思考题

（1）根据计算出的形状修正系数值，判断塑料砂及石英砂属于何种形状。与观察到的形状是否相符？

（2）分析矿粒和球形颗粒在静止介质中自由沉降时的特点。

2.5　旋流水析仪分级实验

一、实验目的

（1）了解旋流水析仪的构造。

（2）了解旋流水析仪分级原理。

二、基本原理

1. 旋流水析仪工作原理

旋流水析仪利用离心沉淀原理代替重力沉降原理进行物料分级，其离心沉降过程发生在旋流器内，含有物料的液流沿切向给入旋流器后，即围绕溢流管高速旋转。在离心力的作用下，液流沿着圆锥向上进入顶部容器，在容器里颗粒受到强烈的扰动并趋向于返回到旋流器的锥体部分，在返回途中又受到离心力作用。分离限度以上的颗粒从水流中脱离出来进入底流容器或遗留在旋流器内。分离限度以下的颗粒在中心轴向回流的作用下，被卷入溢流而排走。

离心沉降法所用装置：串联旋流分级器，也称旋流水析器，其结构如图 2 - 5 所示。它是由 5 个倒置（底流口垂直向上）水力旋流器互相串联并平行排列所组成的。

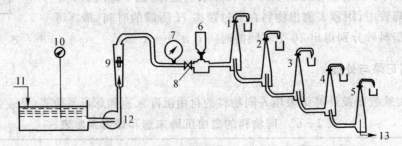

图 2 - 5　串联旋流分级器

1,2,3,4,5—旋流器；6—试样容器；7—压力表；8—流量控制阀；9—转子流量计；

10—温度计；11—给水管；12—泵；13—最终溢流

实验过程：每个旋流器的沉砂口都与装有排料阀的接料槽相通，实验时排料阀是关闭的。水经水泵从水槽抽出，控制转子流量计保持一定流量，通过流量控制阀给入第 1 号旋流器，因沉砂口排料阀关闭,底流存留在锥体底部,而溢流则进入第 2 号旋流器。以此类推,由第 1 号到第 5 号旋流器溢流口和进料口直径依次逐渐减小,旋流器分级粒度也相应逐渐减小。因此,物料分级完成后,第一个旋流器底流产物粒级最粗,最细粒级产物则是最后一个旋流器的溢流。

试样小于 75 μm,每次用量以小于 100 g 为宜,从试料容器中给入,约经过 30 min,分级过程完毕,取出各旋流器内的底流经过滤、烘干、称重和化验。可见旋流水析仪比连续水析器分级速度快。

2. 旋流水析仪有关参数的选择与计算

(1)参数的选择。直接影响旋流水析仪分级粒度的参数如下:f_1—— 水温;f_2—— 颗粒密度;f_3—— 水析流量;f_4—— 水析时间。

本实验选择参数:水温 15℃,颗粒密度 2.65 L/min,水析流量 12.1 L/min,水析时间为 20 min,参数选定后查校正系数曲线 $f_1 = 1.07$,$f_2 = 1$,$f_3 = 0.978$,$f_4 = 0.956$。关于水析流量的参数可根据 f_1,f_2,f_3 计算得出:

$$f = \frac{1}{f_1 f_2 f_3} = 0.978$$

再查 f_3 的校正系数曲线,查得水析流量为 12.1 L/min。为使在转子流量计上能显示出流量读数,再换算成小时流量 $12.1 \times 60 = 726$ L/h。

(2)颗粒有效分离粒度的计算。其计算公式为

$$d_e = d_i f_1 f_2 f_3 f_4 \tag{2-11}$$

式中　d_e—— 颗粒有效分离粒度;

　　　d_i—— 颗粒极限分离粒度。

颗粒的极限分离粒度 d_i 也就是设备本身的标准系列,分别为 10,21,31,43,56 μm。用颗粒的极限分离粒度 d_i 分别乘以 f_1,f_2,f_3,f_4,可将物料分成 $-74+56$,$-56+43$,$-43+31$,$-31+21$,$-21+10$,-10 μm 6 级产物。

三、实验设备及材料

(1)试料:-200 目石英 50 g,加水润湿待用(注意矿浆体积保持在 150 mL 以内)。

(2)用具:串联旋流分级器 1 台,大桶 4 个,小盆 5 个,烧杯,洗耳球等。

四、实验步骤与操作技术

(1)打开供水管阀,注满水箱。

(2)关闭转子流量计分管阀门,打开水泵的直管阀门,关闭旋流器底流排出阀。

(3)打开试料容器阀,冲洗干净后倒放在工作台上,准备好的物料倒入试料容器,并用水清洗干净,加清水注满,关闭试料容器阀,保证容器密封。

(4)将试料容器装入给料器底座,旋转 90° 锁紧并密封。

(5)启动水泵按钮开关,水被泵至工作管路并进入旋流器,打开转子流量计阀门,关闭水泵直管阀门,水流通过转子流量计入旋流器。

(6)从 1 号旋流器开始,通过底流排出阀逐个排出旋流器中的空气及杂物,直至排净为止。

（7）调整计时器至 5 min，同时打开试料容器阀，并手工调节试料容器阀，在 5 min 内使物料全部进入旋流器，重新调整计时器至 20 min。

（8）调整计时器的同时，调节流量控制阀，使转子流量计显示出所需要的流量读数。

（9）当物料进入最后一个旋流器时，用大桶接取溢流，－10 μm 物料回收待用。

（10）水析时间结束后从最后一个旋流器开始逐个地排出收集在旋流器中的物料，排放在小盆中。

（11）物料完全排出后，即可停机。排出的物料完全沉淀后，再轻轻倒出里面的清水、烘干，并称其质量，最后计算结果。

五、数据记录与处理

（1）将实验结果列于旋流水析仪分级实验结果表（见表 2 - 7）并逐行计算。
（2）绘制旋流水析仪分级粒度特性曲线。
（3）编制实验报告。

表 2 - 7　旋流水析仪分级实验结果表

粒级 /μm	质量 /g	产率 /（%）	累计产率 /（%）
－74＋56			
－56＋43			
－43＋31			
－31＋21			
－21＋10			
－10			

实验人员：　　　　日期：　　　　指导教师签字：

六、思考题

（1）详述旋流水析仪分级原理。
（2）简述旋流水析仪的分级粒度特性。

2.6　细粒物料螺旋分选实验

一、实验目的

（1）了解螺旋分选机的结构和工作原理。
（2）观察物料在螺旋分选机中的运动状态与分离过程。
（3）了解螺旋分选实验的基本操作过程，并了解影响螺旋分选的主要因素。

二、基本原理

螺旋分选机的主体工作部件是一个螺旋形溜槽。螺旋一般有 3 ～ 5 圈，用支架垂直地安装起来,如图 2-6 所示。

螺旋分选过程主要涉及水流在螺旋槽面上的运动规律、物料颗粒在螺旋槽面上的运动规律及颗粒在运动过程的综合受力规律。

在螺旋槽面的不同半径处,水层的厚度和平均流速不同。越向外缘水层越厚、流速越快。给入的水量增大,湿周向外扩展,但对靠近内缘的流动特性影响不大。随着流速的变化,水流在螺旋槽内表现为两种流态,即靠近内缘的层流和外缘的紊流。

在流动过程中,水流具有两种不同方向的循环运动。其一是沿螺旋槽纵向的回转运动;其二是在螺旋槽内外缘之间的横向循环运动。两种流动的综合效应使上下水层的流动轨迹不同。由于横向循环运动的存在,在槽内圈水流表现有上升的分速度,而在外圈则具有下降的分速度。颗粒在槽面上的运动同时受重力、惯性离心力、水流的推动力及摩擦力的作用。

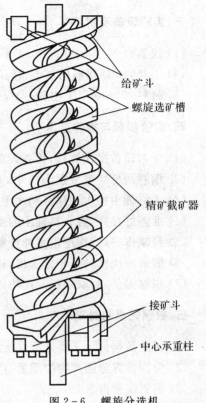

给矿斗

螺旋选矿槽

精矿截矿器

接矿斗

中心承重柱

图 2-6　螺旋分选机

水流的动压力推动颗粒沿槽的纵向运动,并在运动中发生分散和分层。由于水流速度沿深度的分布差异,悬浮于上层的细泥及分层后较轻的颗粒具有很大的纵向运动速度,因而也就具有很大的离心加速度。而位于下层的重颗粒沿纵向运动的分速度较小,相应的离心加速度也较小。由于上述差异而导致物料颗粒在螺旋槽的横向分层(分带)。

重力的方向始终垂直向下。由于螺旋槽的空间倾斜,故重力分布除了推动颗粒沿纵向移动外,也促使颗粒向槽的内缘运动。颗粒的惯性离心力方向与其回转半径相一致,并大致与所处位置的螺旋线的曲率半径重合。

直接与槽底接触的颗粒其所受的摩擦力更加明显。位于上层的颗粒受水介质的润滑作用摩擦力较小。微细颗粒呈悬浮态运动,不再有固体边界的摩擦力。

上述各作用的综合结果导致物料颗粒在螺旋中的分选分离经过 3 个主要阶段。第一阶段为分层阶段,在紊流作用下,重颗粒逐渐进入下层,轻颗粒逐渐进入上层。这一阶段在完成 1 次回转运动后初步完成。第二阶段是分层结束的轻重颗粒的横向展开、分带过程。离心加速度较小的底层重颗粒向内缘运动;上层的轻颗粒向中间偏外运动,而悬浮的细泥则被甩向最外缘。流体的横向循环和螺旋面的横向坡度对这种分布具有重要的影响。随着回转运动次数的增加,不同的颗粒逐渐达到稳定运动的过程。第三阶段即平衡阶段,不同性质的物料颗粒沿着各自的回转半径运动,分选过程完成,此后的运动将失去实际意义。研究表明,颗粒分层和分带作用区域主要在螺旋横断面的中部,该区域的主要特点是矿浆的浓度基本不变,颗粒与水层之间具有较大的速度梯度。

因螺旋分选机具有工作无需动力,若有高差可实现无能耗工作,操作维护简单,且工作稳定,使用寿命长、基本无需检修等特点,其已广泛适用于铁矿、钛铁矿、海滨砂矿、锡矿、砂金、钨矿等金属矿及煤等非金属矿的选别及脱泥。

三、实验设备及材料

（1）仪器设备：螺旋分选机、天平（台秤）。

（2）工具：20 L 接料桶 3 个、样品盘 5 个、小盆 10 个。

（3）材料：6 mm 以下物料（原煤或其他矿样与物料）20 kg。

四、实验步骤与操作技术

（1）学习设备操作规程，检查设备，对动力部分进行试转。

（2）缩制两份质量分别为 2.5 kg 和 5 kg 的煤样。

（3）入料桶中加入试样并加水至所需浓度，同时搅拌保证料浆悬浮。

（4）准备好接样，将入料桶中的悬浮混合物料加入螺旋分选机。

（5）料浆排完后，用适量水冲洗黏附在槽壁上的物料，并入接料桶。

（6）彻底冲洗接料桶和分选机，将各产物脱水、烘干并称其质量。

（7）根据需要，制取入料及产物的分析、化验样，进行分析化验。

五、数据记录与处理

（1）实验数据记录于螺旋分选实验结果表（见表 2 - 8）。

（2）分别计算分选产物的质量、产率和品位。

（3）编制实验报告。

表 2 - 8　螺旋分选实验结果表

序号	入料粒度 mm	入料质量浓度 kg/L	入料品位	产物 1			产物 2			产物 3			计算入料		
				质量 kg	产率 %	品位	质量 kg	产率 %	品位	质量 kg	产率 %	品位	质量 kg	产率 %	品位
1															
2															
3															

实验人员：　　　　　　日期：　　　　　指导教师签字：

六、思考题

（1）影响螺旋分选效果的主要结构因素有哪些？如何影响？

（2）简述螺旋分选技术的特点、适用范围及应用领域。

2.7　细粒物料摇床分选实验

一、实验目的

（1）了解摇床的结构和工作原理，验证摇床分选的基本理论。

（2）观察分选过程中物料在床面上的扇形分布。

（3）了解影响摇床分选效果的主要因素与调节方法。

二、基本原理

摇床分选是一种重要的物理选矿方法,其设备结构如图 2-7 所示。

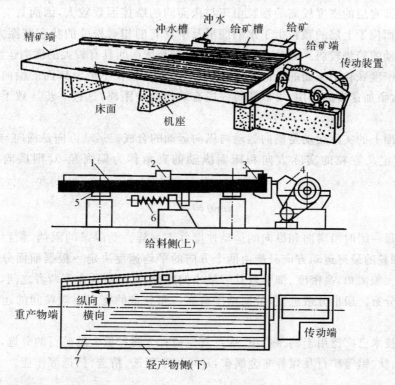

图 2-7　摇床结构示意图

1—床面；2—给水槽；3—给料槽；4—床头；5—滑动支撑；6—弹簧；7—床条

摇床分选过程主要包括以下几个环节。

1. 物料在床面上的松散分层

在摇床分选过程中,水流沿床面横向流动,不断跨越床面隔条,流动变化的大小是交替的。每经过一个隔条即发生一次水跃。水跃产生的涡流在靠近下游隔条的边沿形成上升流,而在沟槽中间形成下降流。水流的上升和下降是矿力松散、悬浮的动力,而松散、悬浮又是发生颗粒分层使得重颗粒转入底层的前提。由于底层颗粒密集且相对密度较大,水跃对底层的影响很小,因此在底层形成稳定的重产物层。而较轻的颗粒由于局部静压强较小,不能再进入底层,于是在横向水流的推动下越过隔条向下运动。沉降速度很小的颗粒始终保持悬浮,随横向水流排出。

2. 物料在床面上的分带

（1）横向水流包括入料悬浮液中的水和冲洗水两部分。由于横向水流的作用,位于同一高度层的颗粒,粒度大的要比粒度小的运动快,密度小的又比密度大的运动快。这种运动差异又由于分层后不同密度和颗粒占据了不同的床层高度而愈加明显；水流对于那些接近隔条高度的颗粒冲洗力最强,因而粗粒的低密度颗粒首先被冲下,即横向运动速度最大；沿着床层的纵向运动方向,隔条的高度逐渐降低,原来占据中间层的颗粒不断地暴露到上层,于是细粒轻产物和粗粒重产物相继被冲洗下来,沿床面的纵向产生分布梯度。

(2) 由于床面前冲及回撤的加速度及作用时间不同导致的床面差动运动,引起颗粒沿床面纵向的运动速度不同。特别是颗粒群分层以后更加剧了不同密度和粒度的颗粒沿床面的纵向运动差异。即底层的密度较高的颗粒由于与床面间的摩擦因数较大,因而具有随床面一起运动的倾向。而位于上层的颗粒由于水的润滑及所具有的相对松散的状态摩擦力较小,因而随床面一起运动的趋势较弱。因此,低密度颗粒尽管与床面间具有较大的横向运动速度,但综合的结果是低密度颗粒沿床面的纵向距离较短;而高密度颗粒不但沿床面的横向运动速度较小,且由于每次负加速度的作用,可以获得一段有效的前进距离,这进一步导致了轻重颗粒的运动差异。

颗粒在床面上的实际运动是横向运动与纵向运动的合成。运动方向是横向与纵向运动方向的向量和。定义颗粒的实际方向和床面纵轴的夹角称为偏离角 θ,则横向速度越大,θ 越大。

$$\tan\theta = \frac{v_y}{v_x} \qquad\qquad (2-12)$$

不同颗粒每一瞬时沿横向和纵向的运动速度并不一样。受隔条的阻挡,颗粒的实际轨迹是阶梯状的,颗粒的最终运动方向只能由两个方向的平均速度决定。根据前面分析,低密度、粗颗粒具有最大偏离角,高密度、细颗粒具有最小偏离角,其他颗粒介于两者之间,最终导致轻重产物的扇形分布。扇形分带愈宽,分离精度愈高。而分带的宽窄由颗粒间的运动速度差异决定。

摇床分选技术已广泛用于钨、锡、钽、铌及其他稀有金属和贵金属矿石的分选,也可以用于分选铁、锰、铬、钛、铅等矿石及煤等非金属矿,还可用于粗选、精选、扫选等作业。

三、实验设备及材料

(1) 实验室用摇床 1 台,天平(1 kg)1 架。

(2) 物料桶 5 个,搪瓷盆若干,量筒 1 个(1 000 mL)。

(3) 毛刷 1 把,秒表 1 块,测角仪 1 把,转速表 1 块,钢尺 1 把。

(4) 3~0.5 mm 物料混合试料(最好轻重产物之间有较大的视觉差异)。

四、实验步骤与操作技术

(1) 学习操作规程,熟悉设备结构,了解调节参数与调节方法;试运转检查摇床,确保实验过程的顺利进行与人机安全;称取试样两份,质量分别为 1 kg。

(2) 选定工作参数,清扫床面,调节好冲水后确定横冲水流量;将润湿好的矿样在 2 min 内均匀的加入给料槽,调整冲水及床面倾角,使物料在床面上呈扇形分布,同时调整接料装置,分别接取各物料。待分选过程结束后,停机,继续保持冲水,清洗床面,将床面剩余颗粒归入重产物。

(3) 按照上述方法,用备用试样做正式实验,接取 3 个产物。

(4) 实验结束后清理实验设备,并整理实验场所。

五、数据记录与处理

（1）将实验条件与分选结果数据记录于摇床分选实验数据记录表（见表 2-9）。

（2）分析实验条件与分选结果间的关系。

（3）编写实验报告。

表 2-9　摇床分选实验数据记录表

单元 实验条件	入料粒度 mm	处理量 kg/h	横向倾角	冲水量 L/min	冲水频率 次/min	冲程 mm

单元 实验结果	产物	质量/g	产率/(%)	品位分析		接料点距床尾 距离/mm
				1	2	
	产物 1					
	产物 2					
	产物 3					
	合　计					

实验人员：　　　　　　　　日期：　　　　　　指导教师签字：

六、思考题

（1）设想隔条的高度沿纵向不变会发生什么现象？为什么？

（2）摇床分选过程中哪些颗粒容易发生错配？

（3）影响摇床分选的主要因素有哪些？如何影响？

2.8　跳汰选矿实验

一、实验目的

（1）了解跳汰选矿的分层过程和粒度对跳汰选矿的影响。

（2）观察筛下补加水对跳汰选矿的影响。

（3）测量冲程、冲水频率并观察冲程、冲水频率对床层松散及选矿的影响。

二、基本原理

跳汰选矿时，矿石给到跳汰机的筛板上，形成一个密集的物料层，称作床层，从下面透过筛板周期地给入上下交变水流（有的是间断上升或间断下降水流）。在水流上升期间，床层被抬起松散开来，重矿物颗粒趋向底层转移。及至水流转而向下运动时，床层的松散度减小，开始是粗颗粒的运动变得困难了，以后床层越来越紧密，只有细小的矿物颗粒可以穿过间隙向下运动，称作钻隙运动。下降水流停止，分层作用亦暂停。直到第二个周期开始，又继续进行这样的分层运动。如此循环不已，最后密度大的矿粒集中到了底层，密度小的矿粒进入到上层，完成了按密度分层,这一过程如图2-8所示。用特殊的排矿装置分别接出后,即可得到不同比重的产物。

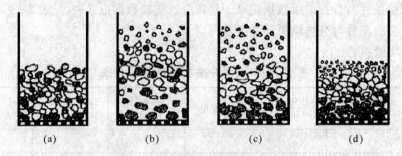

图 2-8 矿粒在跳汰时的分层过程

(a)分层前颗粒混杂堆积;(b)上升水流将床层抬起;(c)颗粒在水流中沉降分层;
(d)水流下降,床层密集,重矿物进入底层

推动水流运动的方法是多种多样的,常见的有由偏心连杆机构带动橡胶隔膜作往复运动,借以推动水流在跳汰室内上下运动,如图2-9(a)所示。这样的跳汰机即称作隔膜跳汰机。还有采用周期鼓入压缩空气的方法推动水流运动,称作无活塞跳汰机,如图2-9(b)所示。

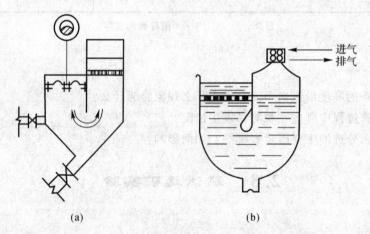

图 2-9 跳汰机中推动水流运动的方式

(a)隔膜鼓动;(b)空气鼓动

三、实验设备及材料

1. 物料

本实验所需要的物料见表2-10。

表 2-10 所需物料表

粒度级别	粗粒窄级别		细粒窄级别		宽级别	
粒度数量级 /mm	$-3.2+1.6$		$-1.6+0.5$		$-3.2+0.5$	
物料名称	石英	磁铁矿	石英	磁铁矿	石英	磁铁矿
物料质量 /g	150	50	150	50	150	50

2.设备

实验室 XCT 型 200×300 侧动隔膜式跳汰机 1 台,如图 2-10 所示。

跳汰室尺寸:200 mm×300 mm;跳汰室数:2 个;跳汰面积:0.06 m²;冲程:最大 32 mm;冲水频率:346 次/min;给矿粒度:—6 mm。

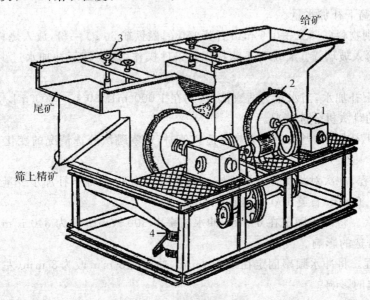

图 2-10　侧动隔膜式跳汰机

1—传动箱;2—隔膜;3—手轮(调节筛上精矿闸门);4—筛下精矿排出管

3.工具

天平、秒表、量尺、给矿铲螺丝刀各 1 个,搪瓷盘 5 个,搪瓷盆大、小各 1 个,磁铁 1 块。

四、实验步骤与操作技术

(1)了解实验室型双筒侧动隔膜跳汰机构造各因素的调节。

1)冲程的调节:调节偏心套,当指针指向 0°时冲程为零(偏心距为零);当指针指向 180°时冲程最大(偏心距最大)。0°～180°对应的冲程范围为 0～32 mm。

2)冲水频率的调节:调节离合器等。

(2)观察粒度对跳汰选矿的影响。

固定条件:冲程为 6 mm,冲水频率为 340 r/min;筛下补加水为零。

变化条件:粒度。

1)取粗粒窄级别特制(—3.2+1.6 mm 石英 150 g,磁铁矿 50 g)1 份,放入小瓷盆均匀混合加水润湿后给入跳汰机的跳汰筒,轻轻打开水门使水面高出物料 40 mm 左右,关闭水门。

2)启动机器注意观察物料的分层情况,记下跳汰时间(可 2～3 min)停止转动,放出跳汰箱内的水,然后小心地将分层地物料托着于瓷盘内分为两份(精矿、尾矿)。待烘干并称其质量后,将跳汰箱冲洗干净。

3)称取细粒窄级别物料(—1.6+0.5 mm 石英 150 g,磁铁矿 50 g)1 份,按粗粒窄级别物料同样的实验步骤进行。启动机器注意观察并与粗粒级的分层进行比较。

4)分选完后得到精矿、尾矿,送烘干并称其质量。然后用手持磁铁将各产物的磁铁矿分别吸出,并称其质量。记下产物中磁铁矿的质量后分别回收。

(3)观测筛下补加水对跳汰的影响,并绘制出不同水量时的分层示意图。

固定条件:冲程为 6 mm,冲水频率为 340 r/min,跳汰时间为 30 s。

变化条件:筛下补加水量。

1)取宽级别物料(−3.2+0.5 mm 石英150 g,磁铁矿50 g)一份,放入烧杯,均匀混合,加水润湿经漏斗给入玻璃筒。补加筛下水按固定条件操作,观察筛下补加水过少或不加水时对跳汰的影响。

2)调节筛下补加水,当水量为适宜值时(约在 1 000 mL/30 s ~ 800 mL/30 s)观察给入筛下补加水后的跳汰机分选情况。

3)调节筛下补加水,当水量过大超过适宜值时,观察跳汰分选情况的变化,指出筛补加下水的作用。

(4)观察冲程、冲次对跳汰分选的影响。跳汰时间为80 s,筛下补加水少量,物料为粗粒窄级别(−3.2+1.6 mm 石英150 g,磁铁矿50 g)。

1)调节冲次。将冲程固定在 6 mm,冲水频率由 300 r/min 改为 340 r/min,观察不同冲水频率对跳汰分选的影响。

2)调节冲程。将冲水频率固定在 300 r/min,冲程由 8 mm 改为 3 mm(左右)。观察冲程大小对跳汰分选的影响。

分选所得精、尾矿为观察对象,送烘干后回收,并进行计算。

五、数据记录与处理

(1)将实验和计算的有关数据填入跳汰分选实验数据记录表(见表 2−11)。

(2)根据实验所得数据,按下列公式计算选别指标。

1)产率。

$$\gamma_{\text{精}} = \frac{\text{精矿质量}}{\text{精矿质量} + \text{尾矿质量}} \times 100\% \qquad (2-13)$$

$\gamma_{\text{尾}}$ 仿式(2−13)计算。

2)品位。

$$\left.\begin{array}{l} \beta_{\text{精}} = \beta'_{\text{精}} \times 72.4\% \\ \beta_{\text{尾}} = \beta'_{\text{尾}} \times 72.4\% \end{array}\right\} \qquad (2-14)$$

式中　$\beta_{\text{精}}$ —— 精矿中铁的计算品位;

　　　$\beta_{\text{尾}}$ —— 尾矿中铁的计算品位;

　72.4% —— 磁铁矿中按分子量计算铁元素的百分数。

$$\beta'_{\text{精}} = \frac{\text{精矿中磁铁矿质量}}{\text{精矿质量}} \times 100\% \qquad (2-15)$$

式中　精矿质量 —— 磁铁矿与石英的质量和。

　　$\beta'_{\text{尾}}$ 仿式(2−15)计算。

3)回收率。

$$\varepsilon_{\text{精}} = \frac{\gamma_{\text{精}} \beta_{\text{精}}}{\gamma_{\text{精}} \beta_{\text{精}} + \gamma_{\text{尾}} \beta_{\text{尾}}} \times 100\% \qquad (2-16)$$

$\varepsilon_{\text{尾}}$ 仿式(2 - 16)计算。

(3) 根据所观察到的现象以及上述计算结果,分析物料粒度、冲程对选别的影响。

(4) 编写实验报告。

表 2 - 11　跳汰分选实验数据记录表

冲程:＿＿＿＿＿＿＿　　　　冲水频率:＿＿＿＿＿＿＿

物料粒度范围/mm	产物名称	质量/g		产率/(%)		品位/(%) T_{Fe}	金属量	产率/(%) T_{Fe}
		总质量	Fe_3O_4	γ	β'			
3.2～1.6	精矿							
	尾矿							
	原矿							
1.6～0.5	精矿							
	尾矿							
	原矿							

实验人员:　　　　　　　日期:　　　　　　　指导教师签字:

六、思考题

(1) 何谓宽级别物料? 何谓窄级别物料?

(2) 冲程、冲水频率在跳汰分选中的意义?

(3) 筛下补加水补加的方式不同对跳汰周期曲线的影响有何差异?

(4) 何谓吸入作用? 在实验中如何考虑它的作用?

(5) 结合实验室型跳汰机说明冲程是怎样调整的?

(6) 试给出实验室型跳汰机的跳汰周期曲线,并比较机械冲程和水冲程的大小,说明原因。

2.9　风力分选实验

一、实验目的

(1) 初步了解风力分选的基本原理和基本方法。

(2) 比较立式风力分选机和水平风力分选机的构造与原理。

二、实验原理

风选方法工艺简单,作为一种传统的分选方式,风选在国外主要用于城市生活垃圾的分选,将生活垃圾中以可燃性物料为主的轻组分和以无机物为主的重组分分离,以便分别回收利用或处置。

风力分选是以空气为分选介质,将轻物料从较重物料中分离出来的一种方法。风选实质上包含两个分离过程:分离出具有低密度、空气阻力大的轻质部分(提取物)和具有高密度、空气阻力小的重质部分(排出物);进一步将轻颗粒从气流中分离出来,此步骤常由旋流器完成。

按气流吹入分选设备的方向不同,风选设备可分为两种类型:水平气流风力分选机(又称卧式风力分选机)和上升气流风力分选机(又称立式风力分选机)。

立式风力分选机的构造和工作原理如图2-11所示。根据风机与旋流器安装的位置不同,该分选机可有3种不同的结构形式,但其工作原理大同小异:经破碎后的生活垃圾从中部给入风力分选机,物料在上升气流作用下,垃圾中各组分按密度进行分离,重质组分从底部排出,轻质组分从顶部排出,经旋风分离器进行气固分离。立式风力分选机分选精度较高。

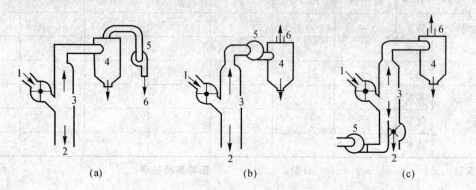

图2-11 立式气流风力分选机工作原理示意图

1—给料;2—排出物;3—提取物;4—旋流器;5—风机;6—空气

水平气流风力分选机工作原理示意图如图2-12所示。该分选机从侧面送风,固体废物经破碎机破碎和圆筒筛筛分使其粒度均匀后,定量给入分选机内,当废物在分选机内下落时,被鼓风机鼓入的水平气流吹散,固体废物中各种组分沿着不同运动轨迹分别落入重质组分、中重组分和轻质组分收集槽中。要使物料在分选机内达到较好的分选效果,就要使气流在分选筒内产生湍流和剪切力,从而把物料团块进行分散。水平气流风力分选机的最佳风速为20 m/s。

本实验测定在不同风速的条件下,不同密度颗粒的分选效果与风速的关系。

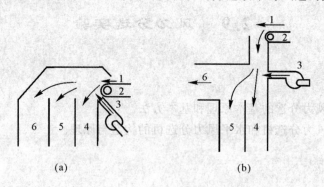

图2-12 水平气流风力分选机工作原理示意图

1—给料;2—给料机;3—空气;4—重颗粒;5—中等颗粒;6—轻颗粒

三、实验设备及材料

(1) 水平气流风力分选机1台,如图2-13所示。

　　风力分选设备主体的尺寸:长×高×宽=1.6 m×1.8 m×0.6 m。选取的涡流式风机功率为 1.5 kW;风压范围是 250～380 kPa;风速的范围是 7.5～17.4 m/s。

　　(2) 台秤(1 kg),天平 1 套,试样盘(盆)若干。

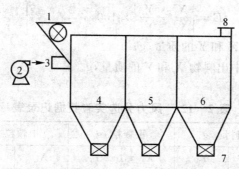

图 2-13　水平气流风力分选机示意图

1— 进料斗;2— 风机;3— 进风口;4— 轻物质槽;5— 中重物质槽;
6— 重物质槽;7— 出料口;8— 出风口

四、实验步骤与操作技术

　　本实验测定不同密度的混合垃圾在不同的风速条件下的分选效果,不同密度在不同风速下的分离比例就是其分离效率。

　　(1) 进行单一组分的风力分选。选取纸类、金属等密度不同的物质,每种物质先单独进行风力分选实验。

　　(2) 开启风机后,首先利用风速测定仪测定风机的风速,然后将单一物质均匀地投入进料口中,通过观察窗留意观察物料在风力分选机内的运行状态。收集各槽中的物料并称其质量。

　　(3) 调节不同的风速(7.5～17.4 m/s),测定不同风速下轻、中、重槽中该物质颗粒的分布比例,从而了解单一组分的风力分选情况。收集各槽中的物料并称其质量。

　　(4) 将选取的单一物质混合均匀。开启风机后,利用风速测定仪测定风机的风速,然后将混合物质(X 和 Y)均匀地投入进料口中,通过观察窗观察物料在风力分选机内的运行状态。收集各槽中的物料并称取混合物中各单一物质的质量。

　　(5) 重复步骤(4),调节不同的风速(75～174 m/s),测定不同风速下轻、中重、重槽中物质颗粒的分布比例,从而了解混合物料风力分选情况。收集各槽中的物料并称取混合物中各单一物质的质量。

五、实验注意事项

　　(1) 风机速率逐渐增大,开始速度不宜过大。

　　(2) 根据分选精度,即时调整风机速率。

六、数据记录与处理

　　(1) 实验测得各数据,可记录于风力分选实验数据记录表(见表 2-12)。

（2）利用下式计算分选物料的纯度和分选效率：

$$\left.\begin{array}{l} \mathrm{Purity}(X_i) = \left(\dfrac{X_i}{X_i + Y_i}\right) \times 100\% \\[3mm] E = \left|\dfrac{X_i}{X_0} - \dfrac{Y_i}{Y_0}\right| \times 100\% \end{array}\right\} \qquad (2-17)$$

式中 X_0, Y_0 —— 进料物 X 和 Y 的质量，g；

X_i, Y_i —— 同一槽中出料物 X 和 Y 的质量，g。

（3）编写实验报告。

表 2-12 风力分选实验数据记录表

序号	风速 m/s	进料量/g		重颗粒/g		中颗粒/g		轻颗粒/g	
		X_0	Y_0	X_i	Y_i	X_i	Y_i	X_i	Y_i
1									
2									
3									
4									
5									

实验人员：   日期：   指导教师签字：

七、思考题

（1）立式风力分选和水平风力分选各有什么优缺点，如何加以改进？

（2）水平风力分选机的分选效率与什么因素有关？怎样提高分选效率？

（3）根据实验结果，计算水平风力分选的最佳风速是多少？

2.10 用淘析法测定水力旋流器的分级效率

一、实验目的

（1）了解和掌握淘析法测定微细粒级矿粒的粒度分布的原理及实验技术。

（2）熟悉水力旋流器的操作过程，并通过采用选矿工艺中测定微细物料粒度组成的常用方法 —— 淘析法 —— 检验水力旋流器的分级效果。

（3）了解影响水力旋流器分级效率的主要因素。

二、基本原理

1. 淘析法测定矿粒的粒度分布的原理

颗粒从静止状态沉降，在加速度作用下沉降速度愈来愈大。随之而来的反方向阻力也增加。但是颗粒的有效重力是一定的，于是随着阻力增加沉降的加速度减小，最后当阻力达到与有效重力相等时，颗粒运动趋于平衡，沉降速度不再增加而达到最大值。这时的速度称作自由沉降末速。

在层流阻力范围内,沉降末速的公式可由颗粒的有效重力与斯托克斯阻力相等关系导出:

$$V_\infty = \frac{d^2(\delta - \rho)}{18\mu}g \qquad (2-18)$$

式(2-18)中 V_∞ 是斯托克斯阻力范围颗粒的沉降末速。当采用 cm,g,s 单位制时,V_∞ 的单位为 cm/s,并且式(2-18)可写为

$$V_\infty = 54.5d^2(\delta - \rho)\mu \qquad (2-19)$$

如果介质为水,常温时 $\mu = 0.01$ P,$\rho = 1$ g/cm^3,于是式(2-19)可简化为

$$V_\infty = 5\,450d^2(\delta - 1) \qquad (2-20)$$

通常所说的沉降分析法就是根据矿粒在介质中的沉降速度,按式(2-20)换算出颗粒粒度。而淘析法的基本原理是利用在固定沉降高度的条件下,逐步缩短沉降时间,由细至粗逐步地将较细物料从试料中淘析出来,从而达到对物料进行粒度分布测定。沉降时间可按下式计算得到:

$$t = \frac{h}{V_\infty} \qquad (2-21)$$

2. 水力旋流器法分级的原理

矿浆在压力作用下,沿给矿管方向给入旋流器内,随即在圆筒形器壁限制下作回转运动,粗颗粒因惯性离心力大而被抛向器壁,并逐渐向下流动由底部排出成为沉砂产物,细颗粒向器壁移动的速度较小,被中心流动的液体带动由中心溢流管排出,成为溢流产物,从而使物料进行粗细分级。

分级效率(η)是指分级溢流中某一级别的质量与分级机给料中同一粒级质量的百分比,它是考查分级机工作好坏的指标。分级效率通常用下式计算:

$$\left.\begin{array}{l}\eta = \dfrac{(\alpha - \theta)(\beta - \alpha)}{\alpha(100 - \alpha)(\beta - \theta)} \times 100\% \\[3mm] \alpha = \dfrac{\gamma\beta + (100 - \gamma)\theta}{100}\end{array}\right\} \qquad (2-22)$$

式中　η——分级效率,%;

　　　α——给料中小于分离粒度(-0.37 mm)的含量,%;

　　　β——溢流中小于分离粒度(-0.37 mm)的含量,%;

　　　θ——沉砂中小于分离粒度(-0.37 mm)的含量,%;

　　　γ——溢流产率,%。

通过对给料、溢流、沉砂进行取样筛析,得到 α,β,θ 的数值之后,按式(2-22)即可计算出分级效率。

三、实验设备及材料

(1) Φ 50 mm 水力旋流器 1 台(见图 2-14)。

(2)淘析分离装置(见图 2-15):基本器皿为一带毫米刻度纸的玻璃杯 1 以及虹吸管 2 和夹子 3 等组成。

(3)淘析用具:搪瓷盘、桶、脸盆、秒表、扳手、天平、毛刷等。

(4)立式砂泵 1 台。

(5)试样:采用 -200 目石英砂 1.2 kg(供旋流器分级用)。

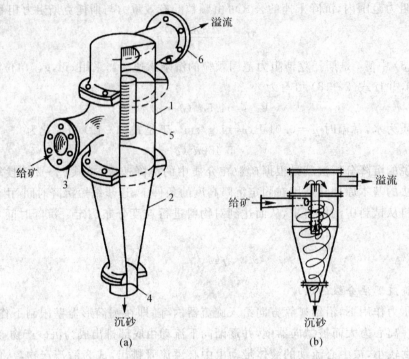

图 2-14 水力旋流器结构图

(a) 水力旋流器构造；(b) 水力旋流器的工作原理

1—圆柱体；2—锥体；3—给矿管；4—沉砂口；5—溢流管；6—溢流管口

四、实验步骤与操作技术

1. 水力旋流器分级步骤

(1) 测量沉砂口直径和溢流口直径。

(2) 将 1.2 kg 试样配成质量分数为 10% 的矿浆,倒入泵池内。

(3) 启动砂泵,待矿浆循环压力稳定后,分别接取溢流和沉砂两份样(每份样接取时间为 3~5 s)。

(4) 停泵,清洗砂泵的循环系统。

(5) 将接取的溢流和沉砂样分别进行淘析。

2. 淘析实验步骤

(1) 称 50~100 g 待淘析矿浆放进一小烧杯内加水润湿,把气泡赶走。

(2) 将被水润湿过并赶走气泡后的试料倒进 2~5 L 的透明带毫米刻度的器皿内,加水至标明的刻度 h 处,用带橡皮头的玻璃棒强烈搅拌,使试料悬浮。

(3) 停止搅拌,待矿液面基本平静后即开始按秒表计时,经过时间 t(由淘析出的粒级大小决定)后打开虹吸管夹子,将 h 高的矿浆全部吸出。

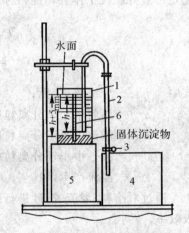

图 2-15 淘析分离装置图

1—玻璃杯；2—虹吸管；3—夹子；
4—溢流收集器；5—底座；
6—毫米刻度

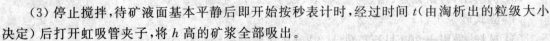

(4) 重新加水至刻度 h 处,完全重复步骤(2)～(3)的操作,经多次反复直至吸出的液体不混浊为止。

(5) 将析出的产物和沉于器皿底部的产物分别沉淀、烘干,并称其质量,即可算出该粒级的产率。

五、实验注意事项

(1) 当确定 h 高度时,要使虹吸管口高于试料层 5 mm 以上。

(2) 器皿中的矿浆固体体积分数不得大于 3%。

(3) 避免矿粒彼此间团聚产生误差,可在淘析时于器皿中加入小量分散剂(分散剂质量分数为 0.01%～0.02%),如水玻璃、焦磷酸钠或六偏磷酸钠等。

六、数据记录与处理

(1) 将实验数据记录在检验分级效率记录表(见表 2-13)中。

(2) 计算水力旋流器的分级效率。

(3) 编写实验报告。

表 2-13   检验分级效率记录表

产物名称	质量 g	产率 %	-0.37 mm		实验条件
			质量 /g	含量 /(%)	
溢流					溢流口直径:
沉砂					沉砂口直径:
原矿					矿浆质量分数:

实验人员: 日期: 指导教师签字:

七、思考题

(1) 在淘析过程中,矿粒之间彼此团聚,对测定有什么影响?

(2) 为什么虹吸管口放置在物料高度 5 mm 以上?

(3) 影响水力旋流器分级效率有哪些主要因素?

2.11   简振系统动力学参数实验

一、实验目的

(1) 验证简振系统动力学理论。

(2) 测定系统频-幅曲线。

(3) 掌握筛分机械的调试原理。

二、基本原理

振动筛动力学是研究振动筛筛箱的运动和受力之间的关系,其目的是为了正确地选定振动筛的动力学参数。

振动筛的振动系统,是由振动质量(筛箱和激振器质量)、弹性元件和激振力(由激振器的不平衡配重回转时产生的惯性力)所构成。为了保证筛分机工作稳定,必须对振动筛的振动系统进行计算,以便找出振动质量、弹簧刚度、不平衡配重的质量矩等与筛箱振幅的关系,并合理地选择弹簧刚度、不平衡配重的质量和偏心距。

本实验应用的惯性力激振的简振系统如图 2-16 所示。当偏心质量 m 以偏心距 r 及角速度 ω 绕部分参振质量 M 的质心 O 点回转时,将产生离心力,在弹簧刚度 k 的配合下,迫使系统发生简振。根据谐振理论,系统的振幅为

$$A = \frac{mr\omega^2}{k - (M+m)\omega^2} \tag{2-23}$$

根据式(2-23)可以绘制系统的频-幅曲线,如图 2-17 所示。

由式(2-23)可见,改变振幅可以通过调整偏心质量、偏心距以及旋转角速度等来实现。

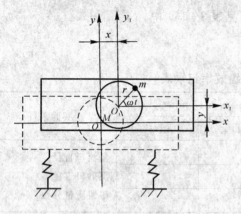

图 2-16　简振系统模型

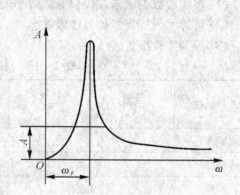

图 2-17　幅-频曲线

三、实验设备及材料

(1)简振台 1 套,如图 2-18 所示。

(2)调压器 2 件。

(3)整流器 2 件。

(4)测速表 1 个。

(5)改锥、扳手等基本工具。

四、实验步骤与操作技术

(1)检查系统。

(2)安装固定偏心块。

(3)检查、校核调压器。

(4)启动振动台。

(5)测定该偏振质量在不同转动频率时的振幅,记录数据。

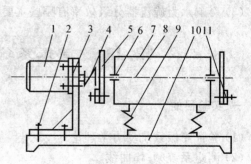

图 2-18　简振台结构示意图

1—电动机;2—螺栓;3—电机座;4—挠性联轴器;

5—圆盘;6—轴承;7—振子;8—主轴;

9—弹簧;10—底座;11—偏心块

（6）改变参振质量或偏心距继续上述实验。

（7）整理仪器。

五、数据记录与处理

（1）实验数据记录在简振实验数据表（见表 2－14）中。

（2）绘制频-幅曲线,分析其基本规律,并用所学理论解释。

（3）编写实验报告。

表 2－14　简振实验数据表

$m_1 =$			$r_1 =$		
角频率 /(rad·s⁻¹)					
振幅 /mm					
$m_i =$			$r_i =$		
角频率 /(rad·s⁻¹)					
振幅 /mm					

实验人员：　　　　　　日期：　　　　　　指导教师签字：

六、思考题

（1）何为共振? 如何利用和避免共振? 请举例说明。

（2）为什么在工业实践中,不采用调整频率的方法来调整振幅?

（3）振动筛的工作点选在超共振区的实际意义何在?

（4）如何判断工作设备的振幅大小?

2.12　煤粉浮沉实验 —— 小浮沉实验

一、实验目的

（1）了解 －0.5 mm 级煤样各密度的产率和特征,根据实验资料可以评价煤泥（粉）的可选性。

（2）把 －0.5 mm 和 ＋0.5 mm 浮沉资料综合在一起,作为评价原煤可选性的资料。

二、基本原理

煤粉浮沉实验通常称之为“小浮沉实验”,它是指对 0.5 mm 以下的煤粉进行的浮沉实验。尽管煤泥浮选的理论基础是煤和矸石表面存在物理化学性质差异,但煤的密度与矿物杂质含量几乎成正比的关系,密度越高,矿物杂质含量越多,可以认为可浮性与煤的密度是一种正相关关系。

当煤粉置于一定密度的重液中时,根据阿基米德定律,密度大于重液密度的颗粒将下沉

（沉物），密度小于重液密度的颗粒则上浮（浮物），密度与重液密度逼近或相同的颗粒处于悬浮状态。煤粉由于颗粒较小，仅靠重力作用分离效果较差，为了强化分离效果，煤粉浮沉实验应在离心力场中进行。

煤粉浮沉实验的密度级同煤炭大浮沉实验（见实验2.2）；采用的重液及配制也同煤炭大浮沉实验。当配制氯化锌重液时，应经真空过滤滤去杂质。

三、实验设备及材料

（1）离心机：转速3 000 r/min，离心管4×250 mL。

（2）真空泵：极限真空度0.05 Pa。

（3）恒温箱：调温范围50～200℃。

（4）分析天平：最大称量100 g，感量1 mg；托盘天平：最大称量200 g，感量0.1 g。

（5）密度计：测量范围1.20～2.20 kg/L，分度值为0.001 kg/L。

（6）棋格盘：镀锌铁皮制成200 mm×200 mm。

（7）玻璃器皿：烧杯、量筒、干燥器、洗瓶、滴瓶、下口瓶、漏斗等。

（8）实验用煤样：煤样应是空气干燥状态，质量不得少于200 g。如某密度产物不能满足化验时，该密度级应增做一次浮沉实验。缩分称取煤样4份，每份15 g，精确到0.001 g。

四、实验步骤与操作技术

（1）组装过滤系统，如图2-19所示。

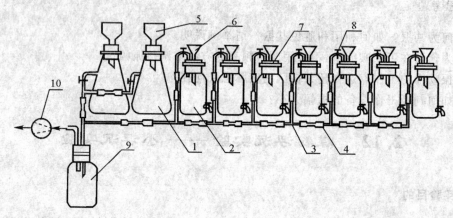

图2-19　过滤系统组装示意图

1— 过滤瓶；2— 下口瓶；3— T形三通玻璃管；4— 橡胶管；5— 布氏漏斗；6— 短颈漏斗；
7— 橡胶塞；8— 两通活塞；9— 气液分离瓶；10— 接真空泵

（2）称量滤纸：滤纸先在恒温箱内烘干，取出后冷却至室温，称量（精确到0.001 g）并把质量写在滤纸的外侧边上。

（3）配制质量分数小于10%的盐酸，倒入滴瓶内备用。

（4）用氯化锌重液实验步骤。

1）校验已配制好的各级重液的密度，密度值精确到0.003 kg/L。

2）将称量好的4份煤样分别倒入4个离心管内，并加入少量密度为1.300 kg/L的重液，用玻璃棒充分搅拌,使煤样完全湿润。然后倒入同一密度的重液,边倒边搅拌,同时洗净玻璃棒和离心管壁上的煤粒,直至液面的高度为离心管高度的 85% 为止。

3) 把互相对称的二对离心管连同金属套管分别放在托盘天平上,在较轻的一端倒入相应密度的重液,直至两边质量相等,然后分别置于离心机的对称位置上。

4) 启动离心机,使转速平稳上升,当达到 2 000 r/min 时开始计时。

5) 12 min 后,切断离心机电源,让其自行停止,待离心机停稳后,打开盖子,小心取出离心管置于离心管架子上。

6) 当分离浮沉产物时先用玻璃棒沿离心管壁拨动一下浮物的表面,然后仔细而又迅速地将浮物倒入同一烧杯内。用热水冲洗干净或用毛管刷刷净管壁上黏着的浮物,但勿使沉物冲下。

7) 在存有沉物的离心管内加入密度为 1.400 kg/L 的重液,按上述步骤 2)～6) 的方法进行离心分离。其他密度依此类推,直至做到密度为 2.000 kg/L 的重液为止。

8) 在布氏漏斗内铺上滤纸,加水湿润。开动真空泵将滤纸抽紧,把烧杯内的浮物倒入布氏漏斗内过滤,回收重液,用热水冲洗干净烧杯。回收的重液经过滤、浓缩后重新使用。

9) 取下布氏漏斗,用热水把滤纸上的浮物冲洗在原烧杯内。滴入已配好的稀盐酸,边滴边搅拌,直至白色沉淀消失呈微酸性为止。

10) 将预先称量好的滤纸折叠成锥形放在玻璃漏斗上,加水润湿滤纸,打开两通活塞将滤纸抽紧,然后把浮物小心地倒入漏斗内过滤,同时用热水冲洗烧杯,直至冲洗干净为止。各密度级浮物都按上述步骤 8)～9) 及本条规定的方法处理。

11) 将离心管内密度大于 2.000 kg/L 的沉物用热水冲洗在烧杯内,滴入稀盐酸,再按上述步骤 10) 的方法进行冲洗过滤。

12) 将各密度级产物连同滤纸从漏斗上取下,放在棋格盘上。在(75±5)℃ 的恒温箱内烘干,达到空气干燥状态,然后在天平上称量,精确到 0.001 g,减去滤纸质量,即为各密度级产物质量。

(5) 用无毒高密度无机重液实验步骤。

1) 同用氯化锌重液实验步骤 1)～8)。

2) 将预先称量好的滤纸折叠成锥形放在玻璃漏斗上,加水润湿滤纸,打开两通活塞将滤纸抽紧,然后把浮物小心地倒入漏斗内过滤同时用水冲洗烧杯,直至冲洗干净为止。各密度级浮物都按用氯化锌重液实验步骤 8) 和本条规定的方法处理。

3) 最后将离心管内密度大于 2.000 kg/L 的沉物用水冲洗在烧杯内,按步骤 2) 规定的方法进行过滤。

4) 同用氯化锌重液实验步骤 12)。

(6) 用有机重液实验步骤。

1) 同用氯化锌重液实验步骤 1)～5)。

2) 当分离浮沉产物时应先用玻璃棒沿离心管壁拨动一下浮物的表面,然后仔细而又迅速地将浮物倒入同一烧杯内,用毛管刷刷净管壁上黏着的浮物。

3) 在存有沉物的离心管内加入密度为 1.400 kg/L 的重液。按用氯化锌重液实验步骤 2)～5) 和本实验 2) 规定的方法进行离心分离,其他密度依次类推,直至加入密度为 2.000 kg/L 的重液为止。

4) 在漏斗内铺上滤纸,把烧杯内的浮物倒入漏斗内,过滤并回收重液。

5) 将离心管内密度大于 2.000 kg/L 的沉物倒在铺有滤纸的漏斗内,然后过滤回收重液。

6) 同用氯化锌重液实验步骤 12)。

五、实验注意事项

(1) 一般煤样尽可能采用氯化锌重液进行浮沉实验,除非是煤化程度低、易于泥化的煤无法采用氯化锌重液才采用有机重液。

(2) 浮沉实验整个过程应注意回收重液。使用氯化锌重液要注意人体防护,以免腐蚀皮肤或伤害眼睛。

(3) 使用有机重液一定要在通风橱内进行。同时,实验人员要戴口罩、手套,防止中毒。

(4) 使用离心机要注意安全。离心机对称位置离心管质量应相等,当离心机启动时转速一定要平稳上升,切断电源后等停稳后再打开盖。

(5) 使用稀盐酸冲洗,切忌过量,氢氧化锌白色沉淀消失,呈微酸性即可。

(6) 实验整个过程中要防止煤样损失。

六、数据记录与处理

(1) 把各密度级产物制成分析煤样,测定水分 M_{ad} 和灰分 A_{ad},并计算浮沉前煤样灰分 A_d。

(2) 浮沉前煤样总质量与浮沉后各密度级产物质量之和的差值,不得超过浮沉前煤样质量的 2.5%,否则该次实验无效。

(3) 浮沉后各密度级产物质量之和作为 100%,分别计算各密度级产物的产率。精确到小数点后 3 位,修约至小数点后 2 位。

(4) 浮沉前煤样灰分与浮沉后各密度级产物灰分加权平均值的差值应符合下列规定:

1) 当煤样灰分 < 20% 时,相对差值不得超过 10%,即

$$\left|\frac{A_d - \overline{A}_d}{A_d}\right| \times 100\% \leqslant 10\% \qquad (2-24)$$

2) 当煤样灰分在 20% ~ 30% 之间时,绝对差值不得超过 2%,即

$$|A_d - \overline{A}_d| \leqslant 2\% \qquad (2-25)$$

3) 当煤样灰分 > 30% 时,绝对差值不得超过 3%,即

$$|A_d - \overline{A}_d| \leqslant 3\% \qquad (2-26)$$

式中　　A_d —— 浮沉前煤样灰分,%;

$\overline{A}_d$ —— 浮沉后各密度级产物的加权平均灰分,%。

(5) 填写煤粉浮沉实验报告表(见表 2-15)。

七、思考题

(1) 小浮沉使用离心机的目的是什么?

(2) 举例说明离心分离在固液分离领域的其他应用。

表 2-15　煤粉浮沉实验报告表

浮沉实验编号：　　　　　　实验日期：　　年　月　日

煤样粒级：　　　　mm　　　煤样灰分：　　　　%

全硫 $S_{r,d}$：　　%　　　　　煤样质量：　　　　kg

| 密度级 kg/L | 质量 kg | 产率 /（%） | | 质量 | 累积 | | ±0.1 含量 % |
		占本级	占全样	灰分 /（%）	浮物 /（%）	沉物 /（%）	
＜1.3							
1.3～1.4							
1.4～1.5							
1.5～1.6							
1.6～1.8							
＞1.8							
合　计							
浮沉煤泥							
总　计							

实验人员：　　　　　　日期：　　　　　指导教师签字：

第3章 磁电分选实验

3.1 物料的静电分选实验

一、实验目的

(1) 了解电选设备的基本结构和原理。

(2) 观察电选分选过程的现象,加深对电选原理的理解。

(3) 了解电选设备的基本调节与操作方法,熟悉电选实验的基本操作过程。

二、基本原理

电选是依靠不同物料间的电性差异,借助于高压电场作用实现分选、分离的一种物料分选方法。在静电分选过程中,由于高压电场的作用,不同电导率的物料携带不同性质和大小的电荷,从而受不同的电场力作用而实现分选、分离。

待分选物料一般根据电导率的大小可以分为导体(电导率 $\gamma \geqslant 10^6 \sim 10^7$ S/m)、半导体(电导率 $\gamma = 10^{-7} \sim 10^5$ S/m)、非导体(电导率 $\gamma \leqslant 10^{-10}$ S/m)。例如,常见矿物中的磁铁矿、钛铁矿、锡石、自然金等,其导电性都比较好;石英、锆英石、长石、方解石、白钨矿以及硅酸盐类矿物,则导电性很差,从而可以利用它们导电性质的不同,用电选分开。

如图 3-1 所示为鼓筒式高压电选示意图。转鼓接地,鼓筒旁边为通以高压直流负电的尖削电极,此电极对着鼓面放电而产生电晕电场。当矿物经给矿斗落到鼓面而进入电晕电场时,由于空间带有电荷,此时不论导体和非导体矿物均能获得负电荷(如果电极为正电,则矿粒带正电荷),但由于两者导电性质不同,导体矿粒获得的电荷立即传走(经鼓筒至接地线),并受到鼓筒转动所产生的离心力及重力分力的作用,在鼓筒的前方落下;非导体矿粒则不同,由于其导电性很差,所获电荷不能立即传走,甚至较长时间也不能传走,吸附于鼓筒面上而被带到后方,然后用毛刷强制刷下而落到矿斗中,两者之轨迹显然不同,故能使之分开。

实践中使用的电选机多采用电晕电场实现物料的分选。该电场通常由一对辊式电极构成,其中直径较小的为电晕电极。当电场电压达到一定的数值时,通常作为负电极的电晕电极放出大量的电子,在其附近电离气体分子形成气体负电荷,发生电晕放电。在电场的作用下,两电极间的气体不断地被电离形成气体电荷,同时飞向

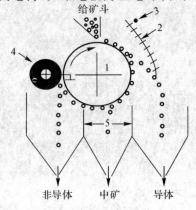

图 3-1 鼓筒式高压电选示意图

1—转鼓;2—电晕电极;3—静电电极;
4—毛刷;5—分矿调节格板

正极,形成所谓的电晕电场。物料颗粒进入分选电场以后,不断与气体电荷碰撞获得负电荷。但由于导电性的不同,不同的物料颗粒表现出不同的行为。导电性好的颗粒迅速将负电荷传递给正极,本身不显示电性,因而不受电场力的作用;而导电性差的物料颗粒电荷传递速度很慢,不同程度地显示出负电性而受到正极的吸引作用,这样就实现了不同电性物料颗粒的分离。入料性质、设备性能、给料方式等是影响电选性质的主要因素。

三、实验设备及材料

(1) 设备:XDFF250×200 mm 实验研究型电选机,天平(1 kg),秒表。

(2) 用具:玻璃烧杯,圆瓷盘,毛刷,牛角勺,永磁块,万用表,制样工具。

(3) 试样:采用典型的导体矿物(磁铁矿)及典型的非导体矿物(石英)为实验矿样,粒度均为 −60 目 +100 目。

四、实验步骤与操作技术

(1) 熟悉设备的结构及操作规程,设备检查、试运转及其他准备工作。

(2) 称取磁铁矿 20 g,石英 80 g,混合均匀为 1 份试样,共制备 4 份试样。

(3) 将试样烘干后,分别给入电选机给矿槽。

(4) 调节电场电压和转鼓转数到给定值 15 kV 和 100 r/min 后,开始给矿。分选完后,重复在 20 kV,25 kV 和 30 kV 条件下做 3 次试验。

(5) 用永磁块对分选产物进行分析,即将磁铁矿从各产物中分离出来,分别称磁铁矿和石英的质量,填写在电选实验结果数据记录表(见表 3 − 1)内。

五、数据记录与处理

(1) 实验原始数据记录于表 3 − 1 中,同时注意记录观察到的各种现象。

表 3 − 1　电选实验结果数据记录表

电场电压 kV	产物名称		产物质量 g	产率 γ %	品位 β %	γβ	回收率 %
15	导体	磁铁矿					
		石英					
	非导体	磁铁矿					
		石英					
	给矿	小计					
20	导体	磁铁矿					
		石英					
	非导体	磁铁矿					
		石英					
	给矿	小计					

续 表

电场电压 kV	产物名称		产物质量 g	产率 γ %	品位 β %	γβ	回收率 %
25	导体	磁铁矿					
		石英					
	非导体	磁铁矿					
		石英					
	给矿	小计					
30	导体	磁铁矿					
		石英					
	非导体	磁铁矿					
		石英					
	给矿	小计					

注:磁铁矿计算品位为产物中纯磁铁矿的百分数(以小数表示)×72.41% = 产物的品位。

实验人员: 日期: 指导教师签字:

(2) 按照下列公式分别计算各产物的产率、品位和回收率:

$$产率 = \frac{磁性产物(或非磁性产物)质量}{磁铁矿质量 + 石英质量} \times 100\%$$

$$品位 = \frac{产物中磁铁矿质量 \times 72.41\%}{磁性物(或非磁性物)质量} \times 100\%$$

$$回收率 = \frac{磁性物产率 \times 磁性物品位}{原矿品位} \times 100\%$$

(3) 分析分选指标(产率、品位等)与电压之间的关系。

(4) 编写实验报告。

六、思考题

(1) 物料颗粒的导电性差异是如何影响其电选分选行为的?

(2) 影响电选的主要因素有哪些?

(3) 电选入料为什么要保持干燥? 为什么要去除入料中的微细级物料?

(4) 查阅文献,概述电选分选技术的应用领域及现状。

3.2 磁性物料的分选回收 —— 弱磁分选实验

一、实验目的

(1) 了解实验用磁选机的结构、工作原理及其操作方法。

(2) 了解影响磁选效果的主要因素。

(3) 掌握评价磁选效果的方法和指标。

二、基本原理

物料颗粒之间的磁性差异是实现物料分选、回收的重要物理性质之一。磁选是利用磁性颗粒和非磁性颗粒在分选空间的运动行为差异进行分选的过程。

如图 3-2 所示为分选磁铁矿常用的圆筒磁选机的示意图,这种磁选机由分选圆筒 1、磁系 2、分选箱 3、给矿箱 4 等部件组成。工作时分选圆筒逆时针方向旋转,磁系固定不动。细磨的矿浆经给矿箱进入分选箱,其中磁性矿粒在不均匀磁场作用下被磁化,受到磁场磁力的吸引,吸在圆筒表面并随圆筒旋转。磁性矿粒转至磁系出口处,由于磁力减弱加上冲洗水的冲刷,脱离磁力的吸引而被排出成为精矿(磁性矿粒)。非磁性矿粒,由于不受磁力的作用,仍留在矿浆中,随矿浆排出成为尾矿。因此,磁性不同的矿粒实现了分离。

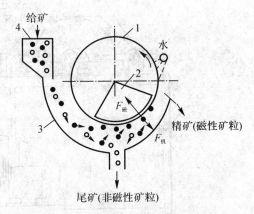

图 3-2　圆筒磁选机工作原理示意图

1— 分选圆筒;2— 磁系;3— 分选箱;4— 给矿箱

●— 磁性矿粒;o— 非磁性矿粒

在磁选分离的过程中,明显看出矿粒同时受到两种力的作用,一种是磁力,它使矿粒吸向圆筒;另一种是机械力,它包含有颗粒的重力、离心力、惯性力、流体阻力、摩擦力、颗粒与颗粒之间的吸引力和排斥力,以及分选介质的流体动力阻力等,它们阻碍矿粒被吸向圆筒。如果矿粒所受的磁力大于所受的机械力之和,则吸附在圆筒表面上,成为精矿;反之则仍留在矿浆中随矿流排出,成为尾矿。由此可知,磁选过程实质上是磁力和机械力相互竞争,相互争夺矿粒的过程。

不同磁性的矿粒,由于所受的磁力和机械力的比值不同,导致它们运动轨迹不相同,从而把矿粒按其磁性不同分成两种或多种单纯的产物。磁选过程的基本条件: $F_1 > F_2 > F_3$,其中 F_1 为作用于磁性颗粒上的磁作用力, F_2 为作用于颗粒上的与磁作用力相反的机械力的合力, F_3 为作用于弱磁性颗粒上的磁作用力。

三、实验设备及材料

(1) 实验设备:实验室用 XCRS—$\Phi 400 \times 240$ 电磁湿法鼓形多用弱磁选机(见图 3-3),天平(1 kg)。

XCRS—$\Phi 400 \times 240$ 电磁湿法鼓形多用弱磁选机具有 3 种工作方式,即顺流式、逆流式、半逆流式,如图 3-4 所示。用户可以根据被处理矿石或物料的特性、粒度大小和对产物质量要求及选矿工艺流程的需要,灵活使用以下 3 种方式进行工作。

1) 顺流式:被选物料和非磁性矿粒的运动方向相同,而磁性矿粒偏离此运动方向。适合粒度为 6 ~ 0 mm 的粗粒强磁性矿物的粗选或精选。

2) 逆流式:被选物料和非磁性矿粒的运动方向相同,而磁性产物的运动方向与此方向相反。适合粒度为 0.6 ~ 0 mm 的细粒强磁性矿物的粗选或扫选。

3) 半逆流式:被选物料从下方给入,而磁性矿粒和非磁性矿粒的运动方向相反。

总的来说,顺流式 —— 精矿品位较高;逆流型 —— 回收率较高;半逆流型 —— 兼有顺流式和逆流式的特点,即精矿品位和回收率都比较高。

(2) 0.5 mm 磁铁粉与煤泥的混合样 10 kg。

(3) 500 mL 烧杯 2 个,洗瓶 1 个,接料桶(20 L)3 个。

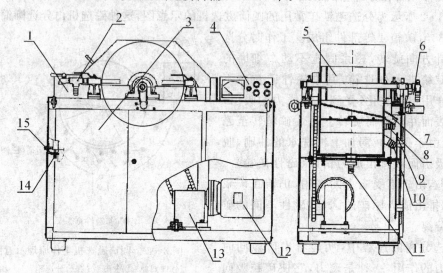

图 3-3　XCRS—Φ400×240 电磁湿法鼓形多用弱磁选机

1—磁选矿浆槽;2—管路;3—机架;4—电控箱;5—电磁分选鼓;6—磁极偏转手柄;7—逆流精矿排矿口;

8—液面高度控制器;9—配电板;10—顺流精矿排矿口;11—非磁性产物排矿口;12—电动机;

13—减速箱;14—磁选间距大小调节螺钉;15—磁性矿物接矿槽调节螺钉

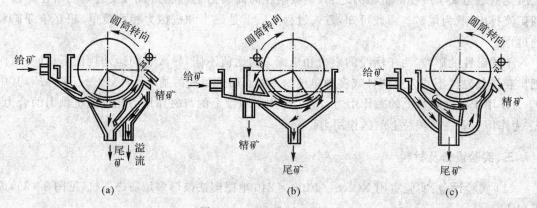

图 3-4　磁选方式示意图

(a) 顺流式;(b) 逆流式;(c) 半逆流式

四、实验步骤与操作技术

(1) 学习操作规程设备检查、试运转,确保实验过程顺利进行和人机安全。

(2) 在给料桶中配置质量浓度为 0.1 kg/L 的悬浮液 20 L。

(3) 调整磁极位置,启动磁选机,调压使输出电流为 20 A。

(4) 将悬浮液缓慢放入磁选机中,同时开启喷水管和反冲水管适量给水。

(5) 接收精矿和尾矿。

（6）给矿 1 min 后，将运转按钮切断，转鼓停止转动；关闭冲水管。

（7）清洗精矿槽和尾矿槽，并放入各自产物槽中。

（8）过滤、烘干（105～110℃），并称其质量。

（9）制备磁性物含量分析试样各 50 g，进行产物的磁性物含量分析。

五、数据记录与处理

（1）将实验条件与数据记录于磁性物料的分选回收实验数据表（见表 3-2）中。

（2）分析实验条件对磁选效果的影响。

（3）编制实验报告。

表 3-2　磁性物料的分选回收实验数据表

序号	磁选条件			入料		精矿			尾矿		
	磁场强度 A/m	磁偏角 (°)	磁选时间 min	磁性物含量 %	质量浓度 kg/L	质量 g	产率 %	磁性物含量 %	质量 g	产率 %	磁性物含量 %
1											
2											
3											

实验人员：　　　　　　　日期：　　　　　　指导教师签字：

六、思考题

（1）何谓磁偏角？影响磁选效果的其他因素还有哪些？如何影响？

（2）顺流式、逆流式和半逆流式的工作方式各有什么特点？

（3）简述磁性分离技术在选矿厂和选煤厂等的其他应用。

（4）设计一套评价磁选机工作效果的单机检查实验方案，绘制操作流程，叙述主要操作步骤与注意事项。

3.3　散体物料磁性物含量测定——湿式磁选管法

一、实验目的

（1）了解磁选管的结构、工作原理及操作方法。

（2）学会散体物料磁性物含量的测定方法。

二、基本原理

在选矿厂和实验室工作中，经常需要对矿石中磁性矿物的含量进行考查。通过这些考查，可以确定矿石的磁选指标，对矿床进行工艺评价，检查磁选机的工作情况。在磁选厂还需要对原矿和选矿产物进行磁性分析，以便查明尾矿中金属损失数量及损失的原因，改进工艺流程，提高选别指标。

磁选管是用作湿式分析强磁性矿物含量的主要分析设备,其构造如图3-5所示。磁选管主要由C形铁芯和在两磁极尖头之间作往复和扭转运动的玻璃管组成。在铁芯两极头之间形成工作间隙,铁芯极头为90°的圆锥形。由非磁性材料做成的架子固定在电磁铁上,架子上装有使分选管作往复和扭转运动的传动机构。此机构包括电动机、减速器、蜗杆、曲柄连杆、分选管滑动架等。

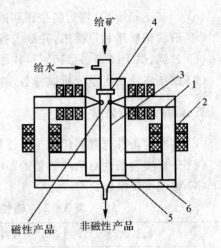

图3-5 磁选管结构示意图
1—C形铁芯;2—线圈;3—玻璃分选管;
4—筒环;5—非磁性材料支架;6—支座

当磁选管工作时,具有不同磁性的矿物粒子,通过磁选管形成的磁场,必然要受到磁力和机械力(重力及流体作用)的作用。由于磁性较强和磁性较弱的矿粒所受的磁力不同,便产生了不同的运动轨迹。磁性较强的颗粒富集在两磁极中间,而磁性弱的颗粒则在水流的作用下排出,由于磁选管与磁极间的相对往复运动,使得磁极间的物料产生"漂洗作用",将夹杂在磁性颗粒间的非磁性颗粒冲洗出来。于是物料颗粒按其磁性不同分选为两种单独的产物。

三、实验设备及材料

(1) XCGS型Φ50磁选管1台:玻璃管直径为Φ50 mm,振动频率为70次/min,两磁极头间隙为52 mm,磁场强度为0～200 kA/m(无极可调),试料粒度为−0.5 mm,激磁功率≤500 mA。

(2) 500 mL烧杯2个,塑料洗瓶1个,50 mL烧杯1个。

(3) 秒表1块,托盘天平1台:称量100 g,感量0.1 g。

(4) 磁铁矿重介质粉100 g,粒度要求小于0.2 mm;酒精适量。

四、实验步骤与操作技术

(1) 检查设备,并接设备与控制器、控制器与电源间连线。

(2) 用软胶管将玻璃管和自来水管相连接,注水进玻璃管,调节尾矿管上的夹子,使玻璃管内水的流量保持稳定,水面高于磁极30 mm左右。

(3) 按动电钮,电源接通。电机通过传动装置使玻璃管作往复上下移动和转动。调整手柄使激磁电流为2.5 A,至此仪器处于待使用状态。

(4) 称取20 g磁铁矿量介质粉放入500 mL的烧杯中,滴入5～6滴酒精,并加入适量清水,用玻璃棒搅拌。

(5) 将仪器调至待用状态。此时尾矿管有水流出,应用桶接水并收集尾矿。

(6) 缓慢将矿浆从给料漏斗中给入磁选管,边给料边搅拌。给料完毕,用清水将杯及玻璃棒上的矿粒冲洗入磁选管。此时,磁性物附在磁极相反的玻璃管上,非磁性物随水一起从尾矿管排出。

(7) 矿样给入磁选管后,继续给水,直至玻璃管内水清晰不混时,夹住尾矿管的夹子,同时停水。

（8）切断电源，打开尾矿管的夹子，用 500 mL 烧杯接取磁性物，用水将管壁的磁性物洗净。

（9）将激磁调整手柄回至零位。

（10）精矿和尾矿过滤脱水，并送入 105℃ 干燥箱内烘干，干燥后冷却至室温称其质量。

五、实验注意事项

（1）磁选管的磁场强度大于磁选机，因此实验时手中不得拿铁器，以免打碎玻璃管。

（2）勿将手表等物接近磁极，以免磁化受损。

（3）分选时一定要冲洗至水清晰不混浊为止。

六、数据记录与处理

（1）将实验所获数据和计算的数据填入磁性物含量测定结果表（见表 3-3）中。

（2）磁性物含量的计算公式为

$$\beta = \frac{m_j}{m} \times 100\% \tag{3-1}$$

式中　　β——磁性物含量，%；

m_j——磁性物（磁选出的精矿）质量，g；

m——试料计算质量，g。

（3）编写实验报告。

表 3-3　　磁性物含量测定结果表

实验编号	试料质量 g	精矿质量 g	尾矿质量 g	磁性物含量 %	磁选时间 min	激磁电流 A
1						
2						
3						

实验人员：　　　　　　　　日期：　　　　　　　　指导教师签字：

七、思考题

（1）磁性物含量与磁选回收率是一个概念吗？

（2）试样调制成浆过程为什么要加几滴酒精？

（3）重介质选矿生产过程中，哪些场合需要测定磁性物含量？有何意义？

3.4　矿石中磁性矿物含量测定——干式交直流电磁分选仪法

一、实验目的

（1）通过该实验，使学生掌握干式交直流电磁分选仪的操作技能。

（2）了解和掌握采用交直流电磁分选仪作矿物磁力分析的方法。

二、基本原理

由于磁力线的分布和矿粒重力的影响，吸引力和排斥力使矿物受力后产生位移的效果不同，因此，磁性矿物在交变磁场的作用下，不断被推向磁极四周，而非磁性矿物和弱磁性矿物仍留在原处，从而把非磁性矿物与剩磁（Br）及矫顽力（Hc）大的磁性矿物完全分离，如图 3-6 所示。

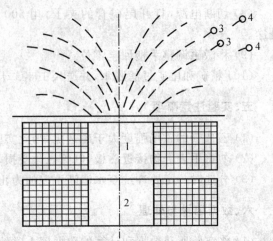

图 3-6　矿粒在交直流叠加磁场的情况
1—交流线圈；2—直流线圈；3—矫顽力大的矿粒；
4—矫顽力小的矿粒

三、实验设备及材料

（1）设备：JZCF 型交直流电磁分选仪。

1）外接电源。交流调压：输入电压为交流 220 V，输出电压为 0～160 V 连续可调；直流调节：输入电压为 220 V，输出电流为 0～2 A 连续可调。

2）分选盘振动调节。输入电流为 200 V，分选盘振荡频率为 50 Hz。

3）磁场强度。 交流磁场强度为 0～46.15 kA/m，交直流叠加磁场强度为 0～71.6 kA/m。

4）给矿粒度为 0.3～0.04 mm。

（2）用具：药物天平、瓷盘、毛刷、牛角勺、永磁块及白纸。

（3）试样：磁铁矿粉粒度为（-0.074 6+0.062）mm，石英粉粒度为（-0.208+0.175）mm。

四、实验步骤与操作技术

（1）称样。称取磁铁矿粉及石英粉各 3 g 为 1 份试样，共称 4 份试样。

（2）将 1 份试样分两次分选，先给料一半，分选完毕后，再给另一半进行分选（因为干式磁选夹杂严重，所以 1 份试样分两次分选）。

（3）打开电源开关，然后启动交流激磁电源，调节好电流至一定值。

（4）给矿。将矿料给到离磁极四周 4 cm 处，用毛刷细心操作，将磁铁矿粉和石英粉彻底分离，磁铁矿粉被吸引到磁极顶部的玻璃板上，成为磁性产物，即为精矿。石英粉是非磁性矿物，不受磁力的作用，仍停留在原处，即为尾矿。切断激磁电流，分别将磁性物和非磁性物用毛刷刷下，分别称其质量，而后用 100 目筛子对磁性物和非磁性物再进行筛选，得出两产物中的磁性物和非磁性物，并称其质量。

（5）按以上步骤，分别在场强为 0.6，0.7，0.8，0.9 kOe 做 4 次实验（奥［斯特］Oe＝79.6 A/m）。

五、数据记录与处理

（1）按下列各式分别计算各产物的产率、品位和回收率，并将实验所获数据和计算的数据填入实验结果记录表(见表 3-4)。

$$产率 = \frac{磁性产物(或非磁性产物)质量}{磁铁矿质量 + 石英质量} \times 100\%$$

$$品位 = \frac{产物中磁铁矿质量 \times 72.41\%}{磁性物(或非磁性物)质量} \times 100\%$$

$$回收率 = \frac{磁性物产率 \times 磁性物品位}{原矿品位(35.21\%)} \times 100\%$$

(2) 绘制出磁场强度与品位和回收率的关系曲线,并分析曲线的准确性。

(3) 编写实验报告。

表 3-4　实验结果记录表

实验磁场强度 /kOe	产物名称		产物质量 /g	产率 γ/(%)	品位 β/(%)	$\gamma\beta$	回收率 /(%)
0.6	磁性物	磁铁矿					
		石英					
	非磁性物	磁铁矿					
		石英					
	给矿	小计					
0.7	磁性物	磁铁矿					
		石英					
	非磁性物	磁铁矿					
		石英					
	给矿	小计					
0.8	磁性物	磁铁矿					
		石英					
	非磁性物	磁铁矿					
		石英					
	给矿	小计					
0.9	磁性物	磁铁矿					
		石英					
	非磁性物	磁铁矿					
		石英					
	给矿	小计					

注:产物中纯磁铁矿的质量分数(小数表示) $\times 72.41\%$ = 产物的品位。

实验人员:　　　　　　　日期:　　　　　　指导教师签字:

六、思考题

(1) 为什么分选物料和分选条件相同,仅磁场强度不同,分选效果就不同?

（2）通过此实验，你认为磁选管直接影响分选效果有哪些主要因素？

3.5 矿物比磁化系数的测定 —— 比较法

一、实验目的

（1）使学生掌握使用磁力天平测定弱磁性矿物比磁化系数的原理和方法。
（2）了解矿物比磁化系数测定的用途。

二、基本原理

矿物磁性分析的目的是确定矿石的比磁化系数（磁性率）和磁性成分的含量。通常在进行矿石可选性实验，对矿床进行工艺评价，选矿厂生产流程考察和产物分析等工作中，都要进行磁性分析。

矿物磁性分析主要包括矿物的比磁化系数测定和磁性成分含量分析两部分。比磁化系数的大小是判断磁选法分选各种矿物的可能性的依据。

比较法一般用来测定弱磁性矿物的比磁化系数，和古依法的主要区别是比较法所用样品的体积小。将一已知比磁化系数的样品和待测样品分别先后装入同一个小玻璃瓶中，并置于磁场的同一位置，使两次测量的 $H\mathbf{grad}H$ 相等，则两试样在磁场中所受的比磁力分别为

$$f_1 = \mu_0 X_标 H\mathbf{grad}H \tag{3-2}$$

$$f_2 = \mu_0 X_0 H\mathbf{grad}H \tag{3-3}$$

式中 f_1, f_2 —— 分别为标准样品和待测样品所受的比磁力；
　　$X_标$ —— 标准样品的比磁化系数，m^3/kg；
　　X_0 —— 待测样品的比磁化系数，m^3/kg；
　　μ_0 —— 真空导磁系数，$4\pi \times 10^{-7}\ N/A^2$。

由式（3-2）和式（3-3）可得

$$\frac{f_1}{f_2} = \frac{X_标}{X_0} \tag{3-4}$$

即测定的任务就是测定 f_1 和 f_2。

若试样的重力分别为 $m_标 g$ 和 $m_测 g$，它们在磁场中的增量分别为 $g\Delta m_标$ 和 $g\Delta m_测$，则 X_0 为

$$X_0 = \frac{X_标\ f_2}{f_1} = \frac{X_标\ \Delta m_测\ m_标}{\Delta m_标\ m_测} \tag{3-5}$$

当测定时，采用化学性质较稳定并已知比磁化系数的物质作标准试样。通常采用的几种标准物质及其比磁化系数值见表3-5。

表3-5　几种常用的标准物质及其比磁化系数

物质名称	比磁化系数	物质名称	比磁化系数
焦磷酸锰（$Mn_2P_2O_7$）	$1.46 \times 10^{-6}\ m^3/kg$	硫酸锰（$MnSO_4 \cdot 4H_2O$）	$0.82 \times 10^{-6}\ m^3/kg$
氯化锰（$MnCl_2$）	$1.44 \times 10^{-6}\ m^3/kg$	氧化钆（Gd_2O_3）	$1.64 \times 10^{-6}\ m^3/kg$

三、实验设备及材料

(1)测量弱磁性矿物的比磁化系数可用如图 3-7 所示的普通磁力天平。

(2)选取氧化钆为标准物质。

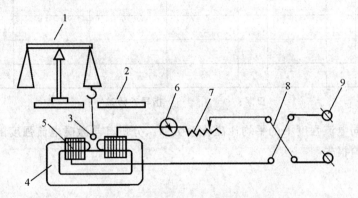

图 3-7 普通磁力天平测量装置

1— 分析天平;2— 非磁性材料板;3— 装样品的球形玻璃(直径约 10 mm);4— 电磁铁芯;5— 线圈;
6— 直流电流表;7— 变阻器;8— 转移开关;9— 直流电源

四、实验步骤与操作技术

(1)熟悉电光分析天平的使用,校准天平,确定试样品在磁场中的适当位置,并检查整流器激磁线路是否正常。

(2)将试样瓶刷净称其质量;将标准样品(氧化钆白色粉末)和待测样品(黑钨矿粉)分别先后装入小玻璃瓶至瓶颈处,并稍捣紧,再称其质量。

(3)接通整流器电源,调节激磁电流至一定值(分别为 1 A,2 A,2.5 A 和 3 A),测量各个电流对样品的增量。

(4)按步骤(3),电流分别与上相同,测定待测样品在磁场中的增量。

五、数据记录与处理

(1)将实验数据记录在弱磁性矿物测定结果记录表(见表 3-6)中。

(2)在不同电流强度下,根据瓶质量、瓶质量+样质量和在磁场中瓶+样总质量可确定 m 和 Δm,将有关数据代入式(3-5)可算出比磁化系数 X_0。

表 3-6 弱磁性矿物测定结果记录表

序号	电流 A	试样名称	瓶质量 mg	瓶+样质量 mg	样质量 mg	磁场中瓶+样质量 mg	增加质量 Δm mg	X_0 的计算值 cm³/g	X_0 的算术平均值 cm³/g
1	1	标准样							
		待测样							
2	2	标准样							
		待测样							

续 表

序号	电流 A	试样名称	瓶质量 mg	瓶+样质量 mg	样质量 mg	磁场中瓶+样质量 mg	增加质量 Δm mg	X_0 的计算值 cm³/g	X_0 的算术平均值 cm³/g
3	2.5	标准样							
		待测样							
4	3	标准样							
		待测样							

实验人员：   日期：   指导教师签字：

（3）计算不同电流强度下的平均比磁化系数 X_0，分析其与激磁电流强度的关系。

（4）编写实验报告。

六、思考题

（1）为什么弱磁性矿物比磁化系数测定时，激磁电流不同，测得的数据基本相近？

（2）分析矿物比磁化系数测定的主要用途有哪些。

3.6 矿物比磁化系数的测定 —— 古依法

一、实验目的

掌握使用磁力天平测定强磁性矿物比磁化系数的原理和方法。

二、基本原理

将一全长等截面的强磁性矿物试样装在圆柱形薄壁玻璃管置于磁场中，使其一端处于强磁区，另一端处于弱磁区，则试样在其长度方向上所受的磁力 $F_磁$ 为

$$F_磁 = \int_V \mu_0 \chi_0 \rho H \frac{dH}{dX} dV = \int_V \mu_0 \chi_0 \rho H \frac{dH}{dX} s\, dX = \frac{1}{2} \mu_0 \chi_0 \rho s (H^2 - H_1^2) \qquad (3-6)$$

式中　μ_0—— 真空导磁系数，$4\pi \times 10^{-7}$ N/A²；

　　　s—— 试样的截面积，m²；

　　　χ_0—— 试样的比磁化系数，m³/kg；

　　　ρ—— 试样密度，kg/m³；

　　　dV—— 试样体积元；

　　　H—— 试样两端所处的最高场强，A/m；

　　　H_1—— 试样两端所处的最低场强，A/m。

由于试样足够长，且 $H \gg H_1$，所以上式可简化为

$$F_磁 = \frac{1}{2} \mu_0 \chi_0 \rho H^2 s = \frac{\mu_0 \chi_0 m}{2L} H^2 \qquad (3-7)$$

因为 $F_磁 = g\Delta m$，所以

$$\chi_0 = \frac{2g\Delta mL}{\mu_0 mH^2} \tag{3-8}$$

式中 Δmg —— 试样在磁场中的重力增量,N;

mg —— 试样重力($m = \rho Ls$),N;

L —— 试样长度,m;

g —— 重力加速度,$9.8\ \mathrm{m/s^2}$。

三、实验仪器及材料

(1)古依法测定矿物比磁化系数装置图如图 3-8 所示,它主要由分析天平、薄壁玻璃管、多层螺管钱管和直流电源组成。

(2)试样:黑钨矿、锡石等,细度为 −100 目。

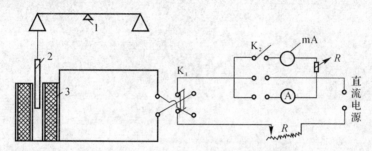

图 3-8   古依法测定矿物比磁化系数装置图
1— 分析天平;2— 薄壁玻璃管;3— 多层螺管线圈

四、实验步骤与操作技术

(1)先将空的玻璃管称其质量。

(2)将磨细的粉状待测试样小心地装入玻璃管中拧紧,试样装至 250 mm 为止,称其质量后,把它挂在分析天平的左盘下,使其下端插入线圈轴线的中点,但不触及线圈壁。

(3)将电流通入线圈(电流任意选择),分别在不同的激磁电流强度下,称出磁场中装有试样的玻璃管的质量。

五、数据记录与处理

(1)将实验数据记录在强磁性矿物比磁化系数测定结果记录表(见表 3-7)中。

表 3-7   强磁性矿物比磁化系数测定结果记录表

序号	激磁电流 A	试样	管质量 mg	管质量+ 样质量 mg	样质量 mg	磁场中管+ 样总质量 mg	增重 Δmg mg	计算 χ_0 值 $\dfrac{}{\mathrm{cm^3/g}}$
1	0.5	待测样						
2	1	待测样						
3	1.5	待测样						
4	2.0	待测样						

实验人员: 日期: 指导教师签字:

（2）在不同电流强度下，根据空样管的质量、样管加试样的质量和样管加试样在磁场中的的质量可确定 m 和 Δm，将有关数据代入式（3-8）可算出比磁化系数 χ_0。

（3）编写实验报告。

六、思考题

为什么强磁性矿物比磁化系数会随场强增高而增大？

第4章 浮游分选实验

4.1 矿物润湿性的测定——接触角法

一、实验目的

(1) 了解不同的矿物具有不同的天然可浮性。

(2) 了解矿物表面的润湿性是可以调节的。

(3) 认识矿物表面润湿性与可浮性的关系,并通过调节来改变各种矿物表面的润湿性。

(4) 了解接触角测定装置的基本结构和工作原理,学会测定物料接触角的基本操作。

二、基本原理

润湿接触角是指液滴在物体表面扩展并达到平衡状态后,由三相周边上某一点引气液界面的切线,则该切线与固液界面的夹角(在液体一方的角)称为润湿接触角,如图4-1所示夹角 θ。

应用特定的仪器可以准确测得润湿接触角。物体表面润湿接触角的大小与物体表面被该液体润湿的难易程度有关,见表4-1。对于矿物加工来说,矿粒表面的润湿接触角的大小直接反映其可浮性的好坏。矿物的可浮性 $= 1 - \cos\theta$,其中 θ 为润湿接触角。利用特定的装置和手段即可测得该角。本实验以JY—82型润湿接触角测量仪为基础,目前市场上已有

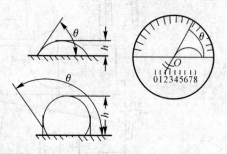

图4-1　润湿接触角示意图

借助显微摄像和计算机多媒体技术测定接触角的设备,更易操作、人为误差小、精度较高。

表4-1　矿物表面润湿性分类

类型	表面不饱和键性质	表面同水的相对作用能 E	接触角	界面水结构	代表性矿物
强亲水	离子键 共价键 金属键	≫1	无	直接水化层	石英、云母、锡石、刚玉、菱铁矿、高岭石、方解石
弱亲水 弱疏水	离子～共价键 (部分自身闭合)	1左右	无或很小	直接水化层为主	方铅矿、辉铜矿、闪锌矿
疏水	分子键为主(层面间),离子、共价键为辅(层端、断面)	<1	中等 (40°～90°)	次生水化层为主	滑石、石墨、辉钼矿、叶腊石

续 表

类型	表面不饱和键性质	表面同水的相对作用能 E	接触角	界面水结构	代表性矿物
强疏水	色散力为主的分子间力	≪1	大 (90°～110°)	次生水化层	自然硫、石蜡

三、实验设备及材料

(1)仪器设备:JY—82型润湿接触角测定仪(见图4-2),主要用于测量液体对固体的润湿接触角,即液体对固体的浸润性。测量方式:液滴法、转落法、插入法等;温度范围:室温 ～190℃;显微镜物镜放大倍率:3×,5×,12.5×;目镜放大倍率:10×;总放大倍率:30×,50×,125×;仪器具备照相功能。

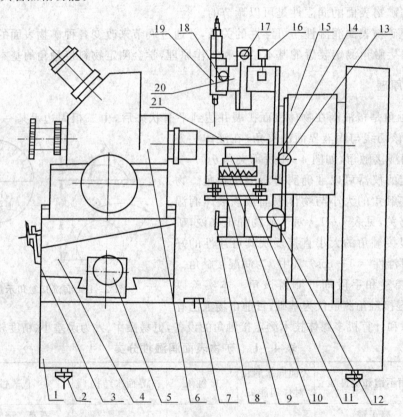

图4-2 JY—82型润湿接触角测定仪结构图

1— 底座;2— 调节螺钉;3— 显微镜上下调节手钮;4— 燕尾导轨组;5— 显微镜水平调节手钮;6— 显微镜;7— 水准泡;
8— 工作台水平移动旋钮;9— 加热炉;10— 试样工作台;11— 石英玻璃液槽;12— 工作台上下移动旋钮;
13— 支架紧定螺钉;14— 工作台调水平旋钮;15— 主轴总成;16— 上支架横向移动旋钮;
17— 上支架垂直移动旋钮;18— 紧定螺钉;19— 液滴调整器;20— 上支架;21— 工作台外壳

(2)烧杯、量筒、竹镊子、注射器。

(3)丁基黄药、煤油等表面改性药剂、水玻璃。

(4) 磨料:400 号磨料、600 号磨料。

(5) 矿物磨片:方铅矿、黄铁矿、煤、石英、石蜡抛光片或其他材料(规格:4 cm ×
2 cm × 0.5 cm)。

四、实验步骤与操作技术

(1) 学习了解所用仪器设备的操作说明书和操作规程。

(2) 检查设备,使之处于待测状态。

(3) 净化物料磨片(抛光片):将待测磨片置于干净的玻璃板上,用磨料轻轻磨去表面的污
染物,用蒸馏水洗净;然后用潮湿的专用布打光,并用蒸馏水清洗。

(4) 用绒布擦干,用镜头纸包好待测。

(5) 将待测磨片置于样品盒上,用微量注射器给上一滴水滴,然后调整焦距,使影像清晰
地出现与目镜中,按照所用仪器的测试原理测定润湿接触角,重复两次取平均值。

(6) 将待测磨片置于药剂溶液中,浸泡 3 min 后用镜头纸擦干,再次测定润湿接触角。

(7) 注意:每次测量时间越短越好,水滴直径不能太大,最好保持在 1 ～ 2 mm。测试过程
必须注意保持磨片的洁净度。

(8) 整理仪器、清理实验现场,报请指导教师验收和数据记录签字。

五、数据记录与处理

(1) 实验条件及测试结果记录于矿物润湿性实验条件及结果表(见表 4 - 2)中。

(2) 分析药剂作用前后接触角的变化及原因分析,结合界面化学和表面活性剂知识分析
表面改性剂的作用机理与实际应用。

(3) 编写实验报告。

表 4 - 2　矿物润湿性实验条件及结果表

序号	测试对象	改性前润湿接触角	表面改性措施或条件	改性后润湿接触角
1	方铅矿			
2	黄铁矿			
3	煤			
4	石英			
5	石蜡			

实验人员:　　　　　　　　日期:　　　　　　　指导教师签字:

六、思考题

(1) 测试时间太长、液滴直径过大等对测量结果有何影响?

(2) 为什么说润湿性接触角是度量矿物可浮性好坏的一个重要物理量?

(3) 选矿用捕收剂和抑制剂的作用机理是什么?举例介绍其实际应用。

4.2 液体的表面张力测定 —— 最大气泡法

一、实验目的

(1) 掌握最大气泡法测定表面张力的原理和方法。

(2) 测定不同浓度正丁醇水溶液的表面张力。

(3) 计算矿物在药剂改性前后的润湿功与附着功。

二、基本原理

表面活性剂都能显著降低液体的表面张力,测定表面张力是研究表面活性剂作用的重要手段之一。由于表面活性剂在润湿、起泡、乳化和促溶等方面的重要作用,因此其给轻工、选矿等工农业生产及日常生活带来莫大的利益。

在定温定压条件下,纯溶剂的表面张力为定值。当其中加入可以降低溶剂表面张力的溶质后,根据能量最低原理,表面层中溶质的浓度比溶液内部大;反之若溶质能使溶剂表面张力提高时,则溶质在表面层中的浓度低于溶液内部,上述溶液内部与表面层溶质浓度不同的现象叫表面吸附。

1. 表面张力测定及其与浓度的关系

表面张力和表面吸附量之间的关系通常用吉普斯方程表示:

$$\varGamma = -\frac{c}{RT}\left(\frac{\partial\gamma}{\partial c}\right)_T \tag{4-1}$$

式中 $\varGamma$ —— 吸附量,$\mathrm{mol \cdot m^{-2}}$;

γ —— 表面张力,$\mathrm{N \cdot m^{-1}}$;

$(\partial\gamma/\partial c)_T$ —— 当温度 T,浓度 c 时 γ 随 c 的变化率;

c —— 溶液的浓度,$\mathrm{mol \cdot m^{-3}}$;

T —— 绝对温度,K;

R —— 气体常数,$8.314\ \mathrm{N \cdot m \cdot mol^{-1} \cdot K^{-1}}$。

根据式(4-1)可知,确定吸附量首先得测定表面张力和溶液浓度之间的关系。本实验旨在用最大气泡法测定液体的表面张力。其原理如下:

从浸入液面下的毛细管端鼓出空气泡时,需要高于外部大气压的附加压力来克服气泡的表面张力,该附加压力与表面张力成正比,与气泡的曲率半径成反比,其关系式为

$$\Delta p = \frac{2\gamma}{R} \tag{4-2}$$

其中,Δp 为附加压力($\mathrm{N \cdot m^{-1}}$),γ 为表面张力($\mathrm{N \cdot m^{-1}}$),R 为气泡曲率半径(m)。

如果毛细管很小,则形成的气泡基本上是球形的。当气泡开始形成时,表面几乎是平的,这时曲率半径最大;但随着气泡的形成,曲率半径逐渐减小,直到形成半球形,这时的曲率半径 R 与毛细管的半径相等,曲率半径达到最小值,这时附加压力达到最大值。气泡进一步长大,R 变大,附加压力则变小,直到气泡逸出。

当气泡半径 R 等于毛细管半径 r 时的最大附加压力为

$$\Delta p_{\max} = \frac{2\gamma}{r} = \rho g \Delta h_{\max} \qquad (4-3)$$

其中，$\Delta h_{\max}$ 为 U 形压力计所显示的最大压差。实际测量时，使毛细管端部刚好与液面接触，这样可以忽略鼓泡所需克服的静压力，这样可以直接计算表面张力。当液体的密度为 ρ，测得与最大附加压力相应的最大压差时，表面张力可以表示为

$$\gamma = \frac{r}{2}\rho g \Delta h_{\max} \qquad (4-4)$$

将常数项合并为系统常数 K，则表面张力的计算公式为

$$\gamma = K \Delta h_{\max} \qquad (4-5)$$

其中，系统常数 K 可以用已知表面张力的标准物质测得。

2.润湿功与润湿性

水在固体表面黏附润湿过程体系对外所能做得最大功称为润湿功（W_{SL}），亦称为黏附功。

$$W_{SL} = \gamma_{LG}(1 + \cos\theta) \qquad (4-6)$$

W_{SL} 越大，即 $\cos\theta$ 越大，则固-液界面结合越牢，固体表面亲水性越强。因此，浮选中常将 $\cos\theta$ 称为润湿性。

3.附着功与可浮性

浮选涉及的基本现象是，矿粒黏附在空气泡上并被携带上浮。附着功 W_{SG}，矿粒向气泡附着，系统消失一个固-水界面和水-气界面，新生成了一个固-气界面体系对外所做的最大功。

$$W_{SG} = \gamma_{LG}(1 - \cos\theta) \qquad (4-7)$$

W_{SG} 表征着矿粒与气泡附着的牢固程度。显然，W_{SG} 越大，即（$1-\cos\theta$）越大，则固-气界面结合越牢，固体表面疏水性越强。因此，浮选中常将（$1-\cos\theta$）称为"可浮性"。

三、实验设备及材料

（1）最大气泡压力法测量表面张力实验装置 1 套（见图 4-3）。

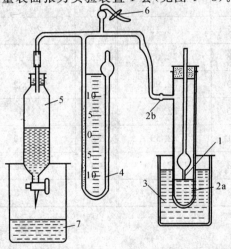

图 4-3　最大气泡压力法测量表面张力装置图

1—毛细管；2—有支管的玻璃试管（支管 2a 内装溶液，支管 2b 与压力计及控压系统相连）；

3—恒定 2a 支管温度的水槽；4—双管压力计；5—滴水减压系统；6—体系压力调整夹子；7—烧杯

（2）10 mL 移液管 1 支,2 mL 刻度移液管 1 支,250 mL 容量瓶 1 个,50 mL 容量瓶 9 个, 50 mL 碱式滴定管 1 支。

（3）丁黄药、油酸钠、铬酸混合液,分析纯正丁醇若干。

四、实验步骤与操作技术

（1）仪器常数的标定:实验前将装置用铬酸混合液洗净,然后用水做标准物质,测定仪器的常数 K。① 在试管中装入适量的蒸馏水,使毛细管下端与液面刚好接触,并按照装置图连接好全部仪器。② 在滴水管 5 内装入清水,缓缓打开其下部止水夹,使其慢慢滴水,由于系统内压力降低,压力计则显示出压力差,毛细管 1 便会逸出气泡（控制在 10 ～ 12 个 /min 左右）; 当气泡形成时压力差增大,待增大至气泡的曲率半径与毛细管的半径相等时,压力差应为最大;此最大压力差即 Δh_{max},可由压力计测出（读取数次取平均值）。③ 实验测量出 Δh_{max} 和温度,由表 4 - 3 查出相应温度下纯水的表面张力,便可按式（4 - 5）算出仪器常数 K。

（2）取丁黄药配成质量浓度为 3 g/L 的溶液;将配制好的丁黄药溶液倒入试管 2 中,按照常数标定的操作方法进行测量。利用已得到的仪器常数,即可求出各待测溶液在实验温度下的表面张力。实验过程温度要相对稳定,则仪器常数可认定为恒定。测定完后将毛细管 1 和试管 2 清洗干净。将液-气界面张力值记入液-气界面张力测定记录表（见表 4 - 4）中。

（3）配置质量分数分别为 5％,10％,20％,40％ 的正丁醇溶液各 50 mL 待用（如需测定吸附等温线,可以增加测点数量）。

（4）按照步骤（1）的操作过程测定上述各溶液的表面张力。注意应当由低浓度的开始测,且每次都应先用少量待测溶液洗涤张力仪,特别是毛细管部分,以保证管内外溶液浓度的一致。将液-气界面张力值记入液-气界面张力测定记录表（见表 4 - 5）中。

（5）实验结束后用蒸馏水清洗装置,并在试管中装好蒸馏水,将毛细管置入保存。

表 4 - 3　水在不同温度下的表面张力（节选）

温度 ℃	表面张力 $\times 10^3 \ \mathrm{N \cdot m^{-1}}$	温度 ℃	表面张力 $\times 10^3 \ \mathrm{N \cdot m^{-1}}$	温度 ℃	表面张力 $\times 10^3 \ \mathrm{N \cdot m^{-1}}$	温度 ℃	表面张力 $\times 10^3 \ \mathrm{N \cdot m^{-1}}$
10	74.22	17	73.19	24	72.13	31	
11	74.07	18	73.05	25	71.97	32	
12	73.93	19	72.90	26	71.82	33	
13	73.78	20	72.75	27	71.66	34	
14	73.64	21	72.59	28	71.50	35	70.83
15	73.49	22	72.44	29	71.35	40	69.59
16	73.34	23	72.28	30	71.18	45	68.74

五、实验注意事项

（1）测定用的毛细管一定要清洗干净,否则气泡不能连续稳定地通过,而使压力计读数不稳定。

（2）控制好出泡速度,不要使气泡一连串地脱出。当读取压力计的压差时,应取气泡单个逸出时的最大压力差。

（3）当洗涤毛细管时不能用热风吹干或烘烤,避免毛细管的结构发生变化。

六、数据记录与处理

（1）将实验数据填于表 4-4 和表 4-5 中,计算仪器常数 K。

（2）计算不同质量时溶液的表面张力,分析表面张力与溶质质量之间的变化关系。

（3）计算矿物在药剂改性前后的润湿功与附着功,并将数值计入润湿功与附着功的计算表(见表 4-6)。

（4）编制实验报告。

表 4-4　液-气界面张力测定记录表

T:＿＿＿＿＿℃

溶　液	测定次数	h_1	h_2	$\Delta h = h_1 - h_2$	$\gamma_{LG} = K\Delta h$
丁基黄药	1				
	2				
	3				
	平均				

表 4-5　液-气界面张力测定记录表

T:＿＿＿＿＿℃

正丁醇质量分数	测定次数	h_1	h_2	$\Delta h = h_1 - h_2$	$\gamma_{LG} = K\Delta h$
5%	1				
	2				
	平均				
10%	1				
	2				
	平均				
20%	1				
	2				
	平均				
40%	1				
	2				
	平均				

表 4-6 润湿功与附着功的计算表

$\gamma_{LG} = $ _____ dyn/cm

磨光片	条件	θ	$W_{SL} = \gamma_{LG}(1 + \cos\theta)$	$W_{SG} = \gamma_{LG}(1 - \cos\theta)$
方铅矿	与药剂作用前			
	与药剂作用后			
煤	与药剂作用前			
	与药剂作用后			

注:接触角 θ 可用实验 4.1 的实验数据结果。

实验人员: 日期: 指导教师签字:

七、思考题

(1) 如果气泡形成速度过快,对测量结果有何影响?

(2) 如果毛细管末端插入溶液测量可以吗? 为什么?

(3) 介绍其他的诸如圈环法、滴重法、毛细管法等测定表面张力的原理。

4.3 小浮选实验 —— 磨矿粒度对浮选效果的影响

一、实验目的

(1) 了解浮选实验装置的结构、原理及操作过程。

(2) 学习浮选实验的基本操作过程。

(3) 观察、分析浮选过程的现象。

二、基本原理

矿物表面物理化学性质 —— 疏水性 —— 差异是矿物浮选基础,表面疏水性不同的颗粒其亲气性不同。通过适当的途径改变或强化矿浆中目的矿物与非目的矿物之间表面疏水性差异,以气泡作为分选、分离载体的分选过程即浮选。

浮选过程一般包括以下几个过程:

(1) 矿浆准备与调浆:即借助某些药剂的选择性吸附,增加矿物的疏水性与非目的矿物的亲水性。一般通过添加目的矿物捕收剂或非目的矿物抑制剂来实现;有时还需要调节矿浆的 pH 值、温度等其他性质,为后续的分选提供对象和有利条件。

(2) 形成气泡:气泡的产生往往通过向添加有适量起泡剂的矿浆中充气来实现,形成颗粒分选所需的气-液界面和分离载体。

(3) 气泡的矿化:矿浆中的疏水性颗粒与气泡发生碰撞、附着,形成矿化气泡。

(4) 形成矿化泡沫层、分离:矿化气泡上升到矿浆的表面,形成矿化泡沫层,并通过适当的方式刮出后即为泡沫精矿,而亲水性的颗粒则保留在矿浆中成为尾矿。

三、实验设备及材料

(1)XFD4—63 型 1.5 L 单槽浮选机 1 台(见图 4-4)。

(2)微量注射器 2 支。

(3)可控温烘箱 1 台。

(4)搪瓷盆 4 个。

(5)入浮试样 1 kg。

(6)浮选药剂适量(具体视试样种类而定)。

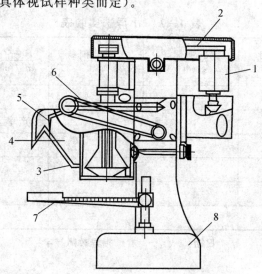

图 4-4 XFD4—63 型 1.5 L 单槽浮选机

1— 电机;2— 传动皮带;3— 主轴;4— 浮选槽;5— 刮板;6— 刮板皮带;7— 支撑座;8— 底座

四、实验步骤与操作技术(以煤泥浮选为例)

(1)学习操作规程,熟悉设备结构,了解操作要点。 试运转,确保实验顺利进行和人机安全。

(2)检查、清洗浮选槽并安装就位。

(3)称取所需试样,计算药剂量。

(4)将试样置入烧杯加少量水搅拌,使矿样充分润湿后全部加入浮选槽,并采用该烧杯向浮选槽加水至第一道刻度线。

(5)关闭进气阀,开动搅拌机构开关;待矿浆搅拌均匀后,加水至第二道刻度线。

(6)向矿浆中加入所需用量的捕收剂,搅拌 2 min。

(7)向矿浆中加入所需用量的起泡剂,搅拌 30 s 后,打开充气开关向矿浆中充气;随即开启刮泡机构刮取泡沫并全部接取。

(8)随着浮选的进行,浮选槽中的液位会逐渐降低,为了保证均匀刮泡,需要用洗瓶不断补加清水,同时冲洗黏附在搅拌轴、槽壁上的颗粒。清水补加量以不积压泡沫、不刮水为准。

(9)待无泡沫或泡沫基本为水泡后,关闭充气阀,停机。边壁黏附的颗粒冲入槽中,溢流口及刮子上的颗粒冲入精矿;排出槽中尾矿。

(10) 将分选产物过滤、脱水;烘干(不超过75℃)至恒温;冷却至室温后称其质量,并制样、分析化验。

(11) 清理实验设备,整理实验场所。

五、数据记录与处理

(1) 将实验数据记录于小浮选实验表(见表4-7),以煤泥浮选为例。

(2) 编写实验报告。

表 4-7   小浮选实验表

实验 条件	入料的质量浓度 g/L		起泡剂 g/t	捕收剂 g/t	充气量 $m^3/m^2 \cdot min$	主轴转速 r/min
分选 结果	产物		质量/g	产率/(%)	灰分/(%)	
	精矿					
	尾矿					
	合计					
	误差					

实验人员: 日期: 指导教师签字:

六、思考题

(1) 搅拌调浆阶段为什么不应充气?

(2) 简述捕收剂和起泡剂的作用机理。

(3) 如果将干试样直接倒入浮选槽可能发生什么现象?

(4) 简述浮选药剂的种类与作用。

4.4   微细矿物油团聚分选 —— 超细颗粒浮选实验

一、实验目的

(1) 加深对疏水絮凝等界面分选原理和方法的理解与认识。

(2) 了解油团聚分选实验的操作过程和影响因素。

二、基本原理

浮选矿浆中矿粒的分散与聚集对其浮选行为有重要影响。根据矿粒在水中聚集原因的不同,可将其分为如图4-5所示的5种情况。

团聚,是在矿浆中加入非极性油后,促使矿粒聚集于油相中形成团,或者由于大小气泡拱抬,使矿粒聚集成团的现象,如图4-5(d)和(e)所示。

油团聚又称球团聚,是微细矿物分选的一种有效的界面分选方法。

选择性球团分选法已用于煤、铁矿、黑钨矿、锡石、金矿、重晶石、钛铁矿等多种矿物的分选。其基本原理:矿石磨细后,用调整剂分散矿浆,加入表面活性剂使目的矿物疏水,加入中性油,使中性油在疏水颗粒表面铺展,由于疏水相互作用及油桥的形成,覆盖中性油的细颗粒互相黏附形成油聚团。此种絮团一般粒度较大、强度较高,通常可以采用筛分等方法分离回收。

一般认为,油团聚过程中,首先形成较小的种子油团,在搅拌、剪切作用下,种子油团不断地兼并、黏合形成大的稳定的油团,即具有成团、生长、平衡 3 个主要阶段。

影响油团聚的主要因素有 pH 值、捕收剂、中性油用量、搅拌强度、搅拌时间等。

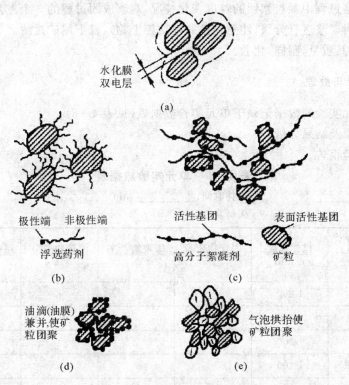

图 4-5　微细矿粒的 5 种聚集状态

(a)凝聚;(b)疏水性絮凝;(c)高分子絮凝;(d)油团聚;(e)气泡拱抬团聚

三、实验设备及材料

(1)调速搅拌器 1 台。

(2)250 mL 烧杯 2 个,玻璃棒 1 根,10 mL 注射器 3 个。

(3)筛孔 1 mm 和 0.5 mm 圆筛各 1 个,洗瓶 1 个。

(4)250 mm 瓷盆 6 个,滤纸若干。

(5)pH 计 1 台。

(6)试剂:水玻璃,煤油(柴油)若干,$-75\ \mu m$ 煤泥 500 g,$-15\ \mu m$ 黑钨矿 200 g,$FeCl_3$ 和油酸钠若干,燃料油若干。

四、实验步骤与操作技术

固定矿浆浓度,研究不同药剂用量或搅拌强度对分选效果的影响(也可根据需要研究其他因素)。

(1)用 250 mL 的烧杯,配置 150 mL 质量分数为 10% 的均匀矿浆。

(2)将烧杯置于搅拌架上,调整搅拌叶片的高度,使下端与烧杯底部距离 1 cm 左右。

(3)开机、选择搅拌速度(1 000,1 200,1 400,1 600 r/min)。

(4)加入占干煤质量 5%(再分别加入 10%,15%,20%)的煤油(柴油),搅拌 15 min。

(5)密切观察过程中颗粒絮团的粒度变化情况,观察成团过程的 3 个主要阶段。

(6)用圆筛对矿浆进行分级(注意用洗瓶喷洗筛上物),筛下尾矿过滤。

(7)烘干,称其质量,制样,化验。

五、数据记录与处理

(1)每个单元实验的数据记录于单元实验数据表(见表 4－8)。

(2)实验现象及结果分析。

(3)编写实验报告。

表 4－8　单元实验数据表

矿浆浓度:＿＿＿＿ %　　搅拌时间:＿＿＿＿ min

入料粒度:＿＿＿＿　　　入料灰分:＿＿＿＿ %

实验序号	煤油用量(占干煤质量)%	搅拌速度 r/min	团聚物质量 g	团聚物产率 %	团聚物灰分 %	尾矿质量 g	尾矿灰分 %
1	5	1 200					
2	10	1 200					
3	15	1 200					
4	20	1 200					
5	10	1 000					
6	10	1 400					
7	10	1 600					

实验人员:　　　　日期:　　　　指导教师签字:

六、思考题

(1)根据物理化学的原理,分析球团形成的原因。

(2)油团分选过程为什么需要一定强度的搅拌?

(3)球团分选与选择性絮凝有何区别?

4.5　用电渗法测定矿物 ζ 电位

一、实验目的

(1) 用电渗法测定石英、萤石对水的 ζ 电位。

(2) 观察电渗现象,了解电渗法实验技术。

二、基本原理

矿物在溶液中,由于矿物表面离子在水中与极性水分子相互作用,发生溶解、解离或者吸附溶液中的某种离子,使表面带上电荷,带电的矿物表面又吸附溶液中的反离子,在固-液界面构成双电层。

在双电层中,决定矿物表面的离子叫定位离子,除此之外,吸附的离子为配衡离子。矿物表面双电层由定位离子层(内层)和配衡离子层(外层)组成。配衡离子层又分为两层,即 Stern 层和 Guoy 层,Stern 层内有两个面,即 IHP(内赫姆荷兹面)和 OHP(外赫姆荷兹面)。在 IHP 以内的离子是部分或完全去水化的,吸附在表面很牢固,因此这一层又叫紧密层。在 IHP 和 OHP 两个面之间,离子是水化的,靠静电力吸附在矿物表面,在 OHP 面与溶液之间是所谓扩散层。当固体表面在溶液中相对移动时,Stern 层将随固体一起移动,并由此引起动电现象。OHP 面就是通常所指的滑动面,动电位是滑动面上的电位,也称之为 ζ 电位。

ζ 电位的测定方法很多,如电泳、电渗、流动电位、电位滴定等。在外加电场的作用下,若溶液对矿物发生相对移动,称为电渗。通过溶液流动方向可以确定被测矿物带电符号(正电或负电),并由液体流动速度来确定矿物 ζ 电位的大小,其计算公式为

$$\zeta = 30 \frac{4\pi\eta\lambda V}{DI} \tag{4-8}$$

式中　　ζ—— 矿物表面动电位,mV;

　　　　V—— 电渗(液体移动)速度,格/s;

　　　　λ—— 被测矿物悬浮液电导率,mS;

　　　　D—— 水的介电常数,$D=81$;

　　　　η—— 水的黏度(通常取 $\eta=0.001\,\text{Pa·s}$),Pa·s;

　　　　I—— 外加电场的电流强度,mA。

三、实验设备及材料

(1) 电渗仪 1 台。

(2) 直流电源 1 台。

(3) 电导仪 1 台。

(4) 酸度计 1 台。

(5) 离心机 1 台。

(6) 秒表 1 个。

(7) 80 ~ 100 目石英和萤石矿粉若干。

四、实验步骤与操作技术

1. 电渗仪的结构及安装

电渗仪的结构如图4-6所示。首先将带刻度的毛细管6、U形样品管1、盐桥2和玻璃棒7用乳胶管按图4-6连接好,然后将盐桥2和电极5插入盛电介质溶液的烧杯3中,再把电极接到外加直流电源的接线柱上,仪器即安装完毕。

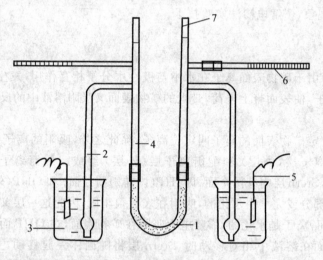

图4-6　电渗仪结构图

1—U形样品管；2—盐桥；3—烧杯；4—测定溶液；5—电极；6—带刻度的毛细管；7—玻璃棒

2. 装样

从仪器上取下U形样品管1,清洗干净,称取2 g样品(石英或萤石粉)置于一烧杯中,加50 mL蒸馏水润湿后并搅拌5 min,静置后测定该矿浆体系的pH值及电导率。将测过pH值和电导率的矿浆上部清液倒入另一烧杯中待用,下部的样品用吸管慢慢装入U形样品管内,把装好样品的U形管放入离心机中,启动离心机10 min,借以压紧U形样品管内的试样,装样完毕。

3. 测定

(1) 把装好试样的U形样品管接到仪器上,用待用的清液充满仪器的管道,并保证仪器的管道中不存在气泡,如果管道中有气泡,将玻璃棒7从乳胶管中拨出,再把气泡赶出,确认管道内无气泡存在后,把玻璃棒插入乳酸管内。

(2) 打开直流电源开关,调节电压表指示为220 V,同时读出毛细管中液体移动一定距离所需的时间。再利用直流电源上的换向开关改变电流方向,记下 I 值和液体移动同上距离所需的时间。如此反复测定4次正、反向的电流强度 I 值下的 V 值,将每次测定得到的液体移动距离、时间和电流强度 I 值记入测定数据记录表(见表4-9)中。每次测定时,要注意液体的移动方向。

五、数据记录与处理

(1) 将实验所测得的数据记录在表4-9中。

（2）按式（4-8）计算出石英和萤石矿对水的 ζ 电位值,并确定其正、负号,将数据填入表 4-9中。

（3）编写实验报告。

表 4-9　测定数据记录表

试样名称	测定次数	开关方向(上、下)	毛细管中液体移动方向	毛细管中液体移动量 mL	测定时间 s	电流强度 mA	被测溶液电导率 mS	ζ电位值及符号 mV
石英	1							
	2							
	3							
	4							
	平均							
萤石粉	1							
	2							
	3							
	4							
	平均							

实验人员:　　　　　　　日期:　　　　　　　指导教师签字:

六、思考题

（1）为什么在电渗仪测定矿物 ζ 电位过程中,仪器的管道中不能有气泡存在?

（2）矿物对水的 ζ 电位值之正、负号说明什么?

4.6　矿物-水溶液界面吸附量测定 —— 紫外光谱法

一、实验目的

（1）了解用紫外分光光度计对矿物-水溶液界面吸附量测定的原理。

（2）了解和掌握紫外分光光度计测定矿物-水溶液界面吸附量测定的实验技术和操作。

二、实验原理

矿物的浮选分离是一个复杂的物理化学过程。矿物表面和各种药剂水溶液的相互作用,使矿物表面性质发生变化,矿物的可浮性也会发生改变,从而通过浮选使矿物得到分离。所以说,矿物-水溶液界面反应物性质在整个浮选过程具有关键性作用。因此,了解和测定矿物-水溶液界面反应物性质是非常必要的。

界面反应物性质的间接测定,是用已知浓度和体积的药剂溶液与矿物作用后,测定残余溶液的浓度,可按下式计算出矿物对药剂的吸附量:

$$\Gamma = \frac{(c - c_0)V}{1\,000\,mS} \tag{4-9}$$

式中　　Γ——矿物的吸附浓度，$mol \cdot L^{-1} \cdot cm^{-2}$；

　　　　c_0——浮选剂溶液的初始浓度，mol/L；

　　　　c——浮选剂溶液的残余浓度，mol/L；

　　　　V——浮选剂溶液的体积，cm^3；

　　　　m——矿物的质量，g；

　　　　S——矿物的比表面积，cm^2/g。

　　紫外光谱法的理论基础，是朗伯-比尔定律，即溶液的吸光度在辐射波长一定，试样不变时，与溶液的质量浓度、溶液槽的厚度及溶液的吸收系数有关，其数学表达式为

$$A = KcL \tag{4-10}$$

式中　　A——溶液的吸光度；

　　　　c——溶液的质量浓度，g/L；

　　　　L——溶液槽的厚度，cm；

　　　　K——溶液的吸收系数，和辐射的波长以及吸收物质的性质有关，其单位为 $L \cdot g^{-1} \cdot cm^{-1}$。若浓度单位为 mol/L，则 K 的单位为 $L \cdot mol^{-1} \cdot cm^{-1}$，称摩尔吸收系数，用符号 ε 表示。

　　实验证明，具有不同分子结构的各种物质，对电磁辐射显示选择吸收的特性。如果试液是一个单组分体系且符合朗伯-比尔定律，则很容易进行吸收物质的光度法测定。当试样中含有数种吸收物质，用普通的比色和光电比色法常常会产生困难，必须事先进行分离及采取有效地避免干扰的办法。采用分光光度法，一般皆可不加分离地进行多组分混合物的分析。

　　若混合物中各组分的特征吸收不相重叠，即当波长为 λ_1 时，甲物质显著吸收而其他组合的吸收可以忽略；当波长为 λ_2 时，只有乙物质显著吸收而其他组分的吸收都微不足道，这样，便可在 λ_1、λ_2 波长处分别测定甲、乙组分。例如硫氧化物阴离子的特征吸收波长：SO_3^{2-} 为 197 nm，$S_2O_3^{2-}$ 为 215 nm，SO_4^{2-} 为 210 nm 和 230 nm，可在不同的波长处，测出硫的氧化物阴离子的类型。

三、实验设备及材料

（1）可见-紫外光分光光度计 1 台，离心机 1 台，pH 计 1 台。

（2）玻璃器皿，搅拌器，秒表 1 只。

（3）各种浮选剂。

（4）各种纯矿物，细度为 −320 目。

四、实验步骤与操作技术

（1）绘制校正曲线。在浮选剂用量的范围内，配制一系列不同浓度的标准溶液，以不含试样的空白溶液作参比，测定标准溶液的吸光度，绘制吸光度-浓度曲线。

　　从校正曲线中可看出：如果吸光度-浓度呈直线关系，说明符合朗伯-比尔定律。如果吸光度-浓度曲线不是呈直线关系，而是曲线，则当选择溶液浓度范围时，只可选取直线部分的范围。

（2）取细度为－320目的纯矿物 1 g，在 10 cm³ 浮选剂溶液中搅拌，浮选剂的初始浓度要比校正曲线中最高标准试液浓度大。调整好 pH 值后，搅拌 5 min。

（3）在紫外光谱仪上调好选择的波长数，以不含试样的空白溶液（纯蒸馏水）作参比，把固－液分离得到的试样清液置于光谱仪中进行测定，获得该试样的吸光度。

（4）从校正曲线上查找该吸光度的对应浓度 c_0。

（5）根据 c_0，c 和 V，便可按式（4－9）计算出矿物的吸附量。

五、数据处理

（1）用表格列出在选择的波长范围内，溶液吸光度与溶液浓度的对应关系。

（2）以浓度 c 为横坐标，吸光度 A 为纵坐标，画出吸光度-浓度校正曲线。

（3）从校正曲线中查出清液吸光度对应的浓度。

（4）根据公式（4－9），计算出矿物吸附选浮剂的吸附浓度 $\varGamma$。

（5）编制实验报告。

六、思考题

（1）为什么说，用紫外光谱法测定固－液界面反应物的性质是固－液界面反应物性质的间接测定法？

（2）为什么用紫外光谱法来测定混合物时，不用事先进行分离和采取有效地避免干扰的办法？

4.7　矿物-水溶液界面反应物性质的直接测定——红外光谱法

一、实验目的

（1）了解用红外光谱法测定矿物-水溶液界面反应物性质的原理。

（2）了解和掌握红外光谱法测定矿物-水溶液界面反应物性质的实验技术和操作。

二、基本原理

红外光谱法作为研究固体表面现象的有效方法而广泛用于浮选剂作用机理的研究中。从迄今所发表的各种光谱技术测定矿物-水溶液界面反应物性质的结果表明：红外光谱的数据是最成功和最可靠的。它能直观揭示浮选剂在矿物表面的吸附状态、反应产物及吸附量等，从而揭示浮选剂作用的本质，进一步加深对浮选过程的了解。

从光谱的角度来说，红外光谱属于分子内原子振动光谱。在红外区，特别是中红外区，绝大多数的有机物和许多无机化合物的化学键振动的基频均出现在此区域内，且所有的化合物在波数为 $650 \sim 1\ 600\ \text{cm}^{-1}$ 范围内均有互异的谱带，尤如人的指纹，故此区又称"指纹区"。利用红外光谱技术来测定矿物-水溶液界面反应物的性质就是基于这一特点。

浮选剂按其结构分类：① 非极性物质；② 极性物质；③ 高分子化合物等。这些物质，在红外光谱中，都存在有特征吸收峰。因此，利用红外光谱来研究浮选剂与矿物表面的作用机理，是一个值得注意的方法。

三、实验设备及材料

（1）红外光谱仪。

（2）压片机。

（3）纯矿物试样，细度为 $2~\mu m$。

（4）KI 试剂（光谱纯）。

（5）各种浮选药剂。

四、实验步骤与操作技术

1. 样品的制备

（1）将要测定的纯矿物经破碎、磨矿等过程磨碎至 $-2~\mu m$，且在磨细过程中，要保持矿物表面性质不改变。

（2）把磨好的矿样置于浮选剂水溶液中充分搅拌，然后进行固-液分离，并用蒸馏水多次冲洗矿样，使残留在矿样表面上的浮选剂水溶液被冲洗干净。

（3）将经冲洗干净的矿样置于真空干燥箱中烘干，烘干过程应注意控制温度，不要使矿样表面性质发生变化。

（4）称取 $0.1 \sim 0.5~g$ 矿样与 $0.5 \sim 2.5~g$ KI 化合物（光谱纯）混合均匀，然后将矿样与 KI 混合物倒入压片机模具中进行压片，压片机压力控制在 $10~kg/cm^2$ 以上。经压片机压制后，便可得待测样片。

2. 红外光谱仪测定

（1）取 $0.1 \sim 0.5g$ 未经浮选剂作用过的纯矿物与 $0.5 \sim 2.5~g$ KI 化合物混合均匀后，在压片机上压制光片，置于红外光谱仪中进行扫描，测出纯矿物的红外光谱图。

（2）取浮选剂水溶液置于红外光谱仪中进行扫描，测出浮选剂的红外光谱图。

（3）用人工合成方法制备矿物与浮选剂作用后可能生成的反应物置于红外光谱仪中进行扫描，测出人工合成的反应物红外光谱图。

（4）将矿样（矿物与浮选剂作用后的）光片置于红外光谱仪中进行扫描，测出矿样的红外光谱图。

五、数据处理

将矿物、浮选剂、人工合成反应物及矿样的红外光谱图进行对比分析，判断矿物与浮选剂作用后，矿物表面对浮选剂的吸附是物理吸附还是化学吸附（或化学反应），从而可知矿物-水溶液界面反应物的性质。

六、思考题

为什么在矿样制备过程中，矿物的表面化学性质要保持稳定？

4.8　起泡剂起泡性能测定

一、实验目的

(1) 了解起泡剂结构与起泡性能的关系。

(2) 掌握起泡剂起泡性能的测定技术。

二、基本原理

起泡剂性能是指起泡剂溶液在一定的充气条件(流量和压力)下,所形成的泡沫层高度和停止充气至泡沫完全破灭的时间,即消泡时间。消泡时间表征泡沫的稳定性。

三、实验设备及材料

(1) 起泡剂起泡性能测定装置如图 4-7 所示。

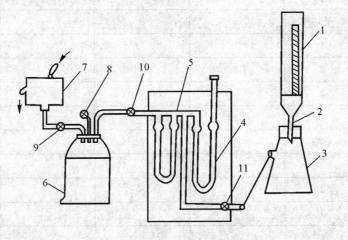

图 4-7　起泡剂起泡性能测定装置

1— 泡沫管;2— 过滤漏斗;3— 锥形瓶;4— 压力计;5— 流量计;6— 压气瓶;7— 恒压水箱;8,9,10,11— 开关阀

(2) 松醇油、正乙醇、辛醇等。

四、实验步骤与操作技术

(1) 先清洗泡沫管 1,使恒压水箱 7 装满水,放掉压气瓶 6 中的水,然后打开 9,10,11 等阀,使水流入压气瓶 6,其排出的空气经过开关阀 10 和流量计 5,通过开关阀 11 进入锥形瓶 3,最后进入泡沫管 1。

(2) 将配好的起泡剂溶液注入泡沫管 1(各种起泡剂溶液均配成质量浓度为 20 mg/L,各 500 mL),在注入时可用玻璃棒搅动溶液,使起泡剂分散均匀。当泡沫达到稳定高度之后,记下泡沫层的高度(mm),记下流量计 5 及压力计 4 的读数和水流入压气瓶的流量(即排气量,mm/s)。

(3) 测定消泡时间。关闭阀 9,11,此时泡沫管中的泡沫开始破灭,用秒表记下当关阀 11

至泡沫完全消灭的时间,这就是消泡时间或者叫泡沫寿命。

(4)每一种起泡剂重复测 4 次。

五、数据记录与处理

(1)将所得实验数据列入实验数据记录表(见表 4-10)中。
(2)分析 3 种起泡剂的分了结构与起泡能力的差异。
(3)编写实验报告。

表 4-10　实验数据记录表

起泡剂	测定次数	泡沫层高度 mm	压力 Pa	流量 mm/s	泡沫寿命 s
松醇油	1				
	2				
	3				
	4				
	平均				
正乙醇	1				
	2				
	3				
	4				
	平均				
辛醇	1				
	2				
	3				
	4				
	平均				

实验人员:　　　　日期:　　　　指导教师签字:

六、思考题

(1)浮选时起泡剂有哪些基本要求?
(2)常用的起泡剂有哪几类?实验所用的起泡剂属哪种类型?根据实验结果讨论其特点与差异。

4.9　捕收剂纯矿物浮选实验

一、实验目的

(1)了解不同类型捕收剂在浮选中的应用。

（2）了解捕收剂分子结构中烃链长度对捕收能力的影响。

（3）掌握纯矿物浮选实验技术。

二、基本原理

捕收剂的主要作用是使目的矿物表面疏水,增加可浮性,使其易于向气泡附着,从而达到目的矿物与脉石矿物的分离。硫化矿浮选常用的捕收剂是硫代化合物,氧化矿常用烃基酸类捕收剂,硅酸盐类矿物常用胺类捕收剂,非极性矿物使用烃油类捕收剂。

三、实验设备及材料

（1）设备:挂槽式浮选机,其结构图如图 4-8 所示。

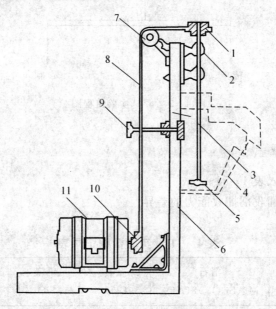

图 4-8　挂槽式浮选机结构图

1,10—皮带轮;2—轴承座;3—轴;4—浮选槽;5—叶轮;6—支架;7—皮带过渡轮;
8—传动皮带;9—固定浮选槽装置手轮;11—电机

（2）配药:配制质量分数为 1% 的黄药溶液,油酸、中性油等直接用注射器滴入。

（3）矿样:实验所用的矿样为天然纯矿物,有方铅矿、萤石、石英和滑石等。

四、实验步骤与操作技术

（1）调整好浮选槽的位置,使叶轮不与槽底和槽壁接触,要调到充气良好,并且在各次实验中保待不变。

（2）称 2 g 矿样放入浮选槽,然后往槽中加水至隔板的顶端,开动浮选机搅拌 1 min,使矿粒被水润湿,然后按加药顺序加入药剂进行搅拌,搅拌之后插入挡板待泡沫矿化后,计时刮泡。

（3）泡沫产物刮入小瓷盆,然后经过滤、干燥、称其质量后,将数据计算填入实验数据记录表(见表 4-11)。因为所用的是纯矿物,所以矿样不用化验,只要称出精矿和尾矿的质量,即可算出回收率。

(4) 实验中要注意测定矿浆温度和 pH 值。

(5) 实验流程如图 4-9 所示。

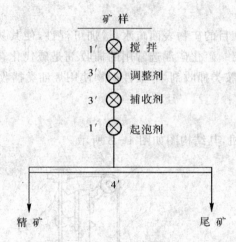

图 4-9　浮选实验流程图

五、数据记录与处理

(1) 将实验数据记入表 4-11。

(2) 分析上述几种捕收剂捕收能力的差异。

(3) 编写实验报告。

表 4-11　实验数据记录表

试　　样	滑石 $Mg(Si_4O_{10})(OH)_2$	萤石 CaF_2	石英 SiO_2	方铅矿 PbS	方铅矿 PbS
试样质量 /g	2	2	2	5	5
捕收剂及用量 /(mg/L)	中性油(15)	油酸(15)	胺(15)	乙黄药(15)	丁黄药(15)
起泡剂及用量 /(mg/L)	2# 油(10)	2# 油(10)	2# 油(10)	2# 油(10)	2# 油(10)
矿浆 pH 值					
矿浆温度 /℃					
精矿质量 /g					
尾矿质量 /g					
合计 /g					
精矿回收率 /(%)					
备　注					

实验人员：　　　　　日期：　　　　指导教师签字：

六、思考题

(1) 说明不同类型捕收剂在浮选中的应用。

(2) 说明捕收剂分子中烃链长度对捕收能力的影响。

4.10　抑制与活化黄铁矿浮选行为实验

一、实验目的

(1) 了解抑制剂和活化剂的性能及其在矿物浮选中的应用。

(2) 掌握纯矿物浮选的实验技能。

二、基本原理

浮选是在气-液-固三相界面分选矿物的科学技术。每种矿物,其天然可浮性是有很大差别的,如何利用浮选来分选各种天然可浮性不同的矿物,主要是采用浮选剂(包括捕收剂、pH调整剂、抑制剂、活化剂等)来改变矿物的可浮性,从而使矿物得到分离。

抑制剂的抑制作用主要表现在阻止捕收剂在矿物表面上吸附,消除矿浆中的活化离子,防止矿物活化;以及解吸已吸附在矿物上的捕收剂,使被浮矿物受到抑制。而活化剂的活化作用,与抑制剂相反,它表现在以下几方面:

(1) 增加矿物的活化中心,即增加捕收剂吸附固着的地区。

(2) 硫化有色金属氧化矿表面,生成溶度积很小的硫化薄膜,吸附黄药离子后,矿物表面疏水而易浮。

(3) 消除矿浆中有害离子,提高捕收剂的浮选活性。

(4) 消除亲水薄膜。

(5) 改善矿粒向气泡附着的状态。

因此,如何正确使用抑制剂和活化剂,对改善矿物(特别是硫化矿物)浮选行为,提高矿物分选指标等都非常重要。

三、实验设备及材料

(1) 挂槽式浮选机,其结构图如图 4-8 所示。

(2) 黄铁矿纯矿物或黄铁矿含量较多的矿石。

(3) 药剂:石灰、硫酸、黄药及松醇油等。

四、实验步骤与操作技术

1. 挂槽式浮选机结构及操作

(1) 挂槽式浮选机结构如图 4-8 所示。首先用手扳动固定浮选槽装置手轮9,放松紧固螺杆后,从机架上取下浮选槽,清洗干净待用。然后称取试样 2 g 倒入浮选槽内,用少量水润湿矿物后,把浮选槽装回机架上,用手轻轻转动一下转轴皮带轮,使叶轮不碰槽壁,然后拧紧手轮9。

(2) 加水到浮选槽内,水的多少以加至浮选槽排矿口水平线以下 5 mm 即可。

（3）接通电源，浮选机开始转动，搅拌矿浆。

（4）参照如图4-9所示流程逐一加药到矿浆中，加药量参照表4-12，待全部药剂加完并达到搅拌时间后，将浮选槽挡板插入槽内相应位置，准备刮泡。

2.浮选

（1）待槽内有矿化泡沫后，用手拿刮板，匀速地将矿化泡沫刮出，盛于一容器中，即为泡沫产物——精矿。

（2）刮泡达到规定时间后，断开浮选机电源，取下挡板，并冲洗干净。

（3）将浮选槽从机架上取下，把槽内矿浆倒入另一个容器中，即槽内产物——尾矿。

（4）分别将泡沫产物和槽内产物过滤、烘干，并称其质量，把所得数据记入浮选实验记录表（见表4-13）。

五、实验注意事项

（1）在进行矿浆搅拌、加药搅拌和浮选全过程中，浮选机不要断电。

（2）浮选槽的挡板在矿浆搅拌、加药搅拌时，不能插入浮选槽内，待加完药并达到搅拌时间后，插入挡板可刮泡。

表4-12 实验安排表

药剂名称	实验次数及药剂用量 /（mg/L）				
	1	2	3	4	5
石灰（CaO）	0	500	1 000	1 000	1 000
硫酸（H_2SO_4）	0	0	0	500	1 000
黄药	50	50	50	50	50
2# 油	15	15	15	15	15

注：加药时按浮选槽容积计算出符合表中数据的药剂加入量。

六、数据记录与处理

（1）将实验数据记入表4-13。

表4-13 浮选实验记录表

试验次数	浮选条件	泡沫产物质量 g	槽内产物质量 g	回收率 /（%）	
				泡沫产物	槽内产物
1	只加黄药和2# 油				
2	加 CaO 500 mg/L、黄药和2# 油				
3	加 CaO 1 000 mg/L、黄药和2# 油				
4	加 CaO 1 000 mg/L、H_2SO_4 500 mg/L、黄药和2# 油				
5	加 CaO 1 000 mg/L、H_2SO_4 1 000 mg/L、黄药和2# 油				

实验人员：　　　　　　日期：　　　　　指导教师签字：

（2）根据每次实验结果 —— 泡沫产物和槽内产物质量,按下式计算每次实验的浮选回收率:

$$泡沫产物回收率 \, \varepsilon_{精} = \frac{泡沫产物质量}{泡沫产物质量 + 槽内产物质量} \times 100\%$$

$$槽内产物回收率 \, \varepsilon_{尾} = 100\% - 泡沫产物回收率$$

（3）编写实验报告。

七、思考题

（1）加 CaO 浮选时,黄铁矿可浮性有什么变化? 为什么?

（2）加 H_2SO_4 浮选时,黄铁矿可浮性有什么变化? 为什么?

第5章 固液分离实验

5.1 煤泥水凝聚实验

一、实验目的

(1) 通过实验观察凝聚现象,加深对凝聚理论的理解。

(2) 学会选择和确定最佳凝聚工艺条件的基本方法。

二、基本原理

煤泥水悬浮液可以认为是一个胶体分散体系。虽然通常指的胶体分散体系的组成微粒粒度在 $1 \sim 100~\mu m$ 之间,但由于煤泥水中的悬浮物黏度相对较大等原因,其粒度上限可扩大到 $100~\mu m$ 以上,可以近似把煤泥水作为胶体分散体系处理。

从热力学角度看,由于胶体分散体系界面自由能很大,分散颗粒有自动趋于聚集状态的倾向,所以它是一个热力学不稳定体系。但实际上一般胶体分散体系是相当稳定的。就选煤厂的生产过程而言,煤泥水中的微细颗粒,几乎均匀地分布在煤泥水体系中,其自然沉降速度是可以忽略不计的,这主要是由于胶体分散体系具有高度的稳定性。这种稳定性可分为动力学稳定性(布朗运动所致)和聚集稳定性(胶体颗粒表面双电层现象和溶剂化作用所致)两类。

根据 DLVO 理论,无机电解质凝聚剂的凝聚机理,主要是浓缩凝聚和中和凝聚。浓缩凝聚主要是指由于双电层受到压缩,导致胶粒失去稳定性,而中和凝聚是指在压缩双电层的同时表面电位下降,导致胶粒失去稳定性。凝聚剂为无机电解质,在水中能电离出阳离子,其电性与煤泥颗粒表面所带电性相反,电离出的阳离子中和了煤泥表面的电荷,使煤泥颗粒之间的斥力降低,从而发生沉淀。凝聚剂改变了颗粒表面的电性质,形成的絮团结实、紧密。

投加凝聚剂的多少,直接影响凝聚效果。投加量不足不可能有很好的凝聚效果。同样,如果投加的凝聚剂过多也未必能得到好的凝聚效果。煤泥水的组成是千变万化的,最佳的投药量各不相同,必须通过实验方可确定。

在水中投加凝聚剂如 $Al_2(SO_4)_3$ 和 $FeCl_3$ 后,生成的 $Al(Ⅲ)$ 和 $Fe(Ⅲ)$ 化合物对胶体的脱稳效果不仅受投加的剂量、水中胶体颗粒的浓度影响,还受水的 pH 值影响。一般的规律是 pH 值对矿物颗粒或煤泥表面的电性有极大影响:当 pH 值大于颗粒零电点时,矿物或煤泥表面荷负电;当 pH 值小于颗粒零电点时,矿物或煤泥表面荷正电。而矿物或煤泥表面的电性对浮选药剂、团絮药剂、絮凝药剂的表面吸附起重要作用,也对细泥在其表面的覆盖有重要影响。通常煤在等电点时浮选活性最大,pH 值在 $4 \sim 8$ 时浮选活性较好。如果 pH 值过低(小于 4),则凝聚剂水解受到限制,其化合物中很少有高分子物质存在,絮凝作用较差。如果 pH 值过高(大于 $9 \sim 10$),它们就会出现溶解现象,生成带负电荷的络合离子,也不能极好发挥絮凝作用,因此各种煤在中性条件下浮选效果最好,药剂量也较稳定。

三、实验设备及材料

(1) 无级调速六联搅拌机 1 台。

(2) pH 酸度计 1 台。

(3) 光电浊度计 1 台。

(4) 温度计 1 支,秒表 1 块,注射针筒 2 支。

(5) 1 000 mL 烧杯 6 个,200 mL 烧杯 1 个,1,2,5,10 mL 移液管各 1 支,吸耳球等。

(6) 1% $FeCl_3$、10% 盐酸、10% NaOH 溶液 500 mL 各 1 瓶。

(7) 实验用煤泥水。

四、实验步骤与操作技术

1. 最佳投药量实验步骤

(1) 测定煤泥水的浊度、pH 值和水温。

(2) 确定形成矾花所用的最小凝聚剂量。方法是通过慢速搅拌烧杯中 200 mL 原水,并每次增加 0.5 mL 凝聚剂投加量,直至出现矾花为止。这时的凝聚剂量作为形成矾花的最小投加量。

(3) 确定实验时的凝聚剂投加量。根据步骤(2)得出的形成矾花最小凝聚剂投加量,取其 1/4 作为 1 号烧杯的凝聚剂投加量,取其两倍作为 6 号烧杯的凝聚剂投加量,用依次增加凝聚剂投加量相等的方法求出 2～6 号烧杯凝聚剂投加量,把凝聚剂分别加入 1～6 号烧杯中。

(4) 启动搅拌机,快速搅拌 30 s,转速约 300 r/min;中速搅拌 5 min,转速约 100 r/min;慢速搅拌 10 min,转速约 50 r/min。

(5) 关闭搅拌机,静置沉淀 10 min,用 50 mL 注射针筒抽出烧杯中的上清液(共抽 3 次约 100 mL 放入 200 mL 烧杯),立即用光电浊度计测定浊度,记入最佳投药量实验记录表(见表 5-1)中。

2. 最佳 pH 值实验步骤

(1) 取 6 个 1 000 mL 烧杯分别注入 1 000 mL 原水,置于实验搅拌机平台上。

(2) 确定原水特征,测定原水浑浊度、pH 值、温度。本实验所用原水和最佳投药量实验相同。

(3) 调整原水 pH 值:用移液计依次向 1 号、2 号、3 号、4 号装有水样的烧杯中分别加入 2.5,1.5,1.2,0.7 mL 质量分数为 10% 的盐酸。向 6 号装有水样的烧杯中分别加入 0.2 mL 质量分数为 10% 的氢氧化钠。

(4) 启动搅拌机,快速搅拌 30 s,转速约 300 r/min,随后从各烧杯中分别取出 50 mL 水样放入三角烧杯,用 pH 酸度计测定各水样 pH 值记入最佳 pH 值实验记录表(见表 5-2)中。

(5) 用移液管向各烧杯中加入相同剂量的凝聚剂(投加剂量按照最佳投药量实验中得出的最佳投药量而确定)。

(6) 启动搅拌机,快速搅拌 30 s,转速约 300 r/min;中速搅拌 5 min,转速约 100 r/min;慢速搅拌 10 min,转速约 50 r/min。

(7) 关闭搅拌机,静置 10 min,用 50 mL 注射针筒抽出烧杯中的上清液(共抽 3 次约 100

mL)放入 200 mL 烧杯中,立即用光电浊度计测定浊度,记入表 5-2 中。

五、实验注意事项

(1)在最佳投药量、最佳 pH 值实验中,向各烧杯投加药剂时希望同时投加。避免因时间间隔较长各水样加药后反应时间长短相差太大,凝聚效果悬殊。

(2)在最佳 pH 值实验中,用来测定 pH 值的水样,仍倒入原烧杯中。

(3)当测定水的浊度、用注射针筒抽吸上清液时,不要扰动底部沉淀物。同时,各烧杯抽吸的时间间隔尽量减小。

六、数据记录与处理

(1)将实验数据分别记录在表 5-1 和表 5-2 中。

表 5-1　最佳投药量实验记录表

煤泥水水温_____℃　　　浊度_____　　　pH 值_____

凝聚剂种类_____　　　质量浓度_____

水样编号		1	2	3	4	5	6
混凝剂	mL						
加药量	mL						
矾花形成时间 /min							
沉淀水浊度 FTU(NTU)							

注:FTU:1.25 mg/L 硫酸肼和 12.5 mg/L 六次甲基四胺在水中形成的甲臢聚合物所产生的浊度为
　　1 度。

实验人员:　　　　　　日期:　　　　　　指导教师签字:

(2)以沉淀水浊度为纵坐标,混凝剂加药量为横坐标,绘出浊度与药剂投加量关系曲线,求出最佳混凝剂投加量。

表 5-2　最佳 pH 值实验记录表

煤泥水水温_____℃　　　浊度_____　　　pH 值_____

凝聚剂种类_____　　　质量浓度_____

水样编号	1	2	3	4	5	6
HCl 投加量 /mL						
NaOH 投加量 /mL						
pH 值						
凝聚剂投加量 /mL						
沉淀水浊度 FTU(NTU)						

实验人员:　　　　　　日期:　　　　　　指导教师签字:

(3)以沉淀水浊度为纵坐标,水样 pH 值为横坐标,绘出沉淀水浊度与 pH 值关系曲线,求出所投加凝聚混凝剂的凝聚最佳 pH 值及其适用范围。

（4）编写实验报告。

七、思考题

（1）分析凝聚剂与絮凝剂在煤泥水处理中的作用机理。

（2）根据最佳投药量实验曲线，分析沉淀水浊度与混凝剂加入量的关系。

（3）分析在煤泥水处理实验中，除考虑药剂类型、用量和 pH 值因素外，还应考虑哪些因素。

5.2 悬浮液絮凝沉降特性研究

一、实验目的

（1）掌握悬浮液沉降特性实验的基本操作方法。

（2）了解实验所用絮凝剂的性质和作用机理。

二、基本原理

絮凝沉降是指絮凝性颗粒在稀悬浮液中的沉降。在絮凝沉降过程中，各颗粒之间相互黏合成较大的絮体，因而颗粒的物理性质和沉降速度不断发生变化。

悬浮液中的细小固体颗粒表面带有电荷，由于排斥作用而分散。采用无机电解质凝聚剂可以抵消颗粒表面的电荷，然后靠颗粒间的吸附作用聚团。而有机絮凝剂主要通过高分子的活性基团的架桥作用使颗粒形成絮团。两者的配合使用往往效果更佳。

加入药剂以后，随着絮团的增大沉降速度加快，沉降过程中出现明显的澄清界面，由澄清界面的下降速度可绘出沉降时间与澄清界面下降距离的曲线——沉降曲线，如图 5-1 所示。

澄清界面的初始沉降速度可用下式计算：

$$v = \frac{M \sum_{i=1}^{B} t_i H_i - \left(\sum_{i=A}^{B} t_i \right) \left(\sum_{i=A}^{B} H_i \right)}{M \sum_{i=A}^{B} t_i^2 - \left(\sum_{i=A}^{B} t_i \right)^2} \tag{5-1}$$

式中　v——澄清界面的初始沉降速度，mm/s；

　　t_i——某一累计时刻（$i = 0,1,2,3,\cdots,n$），s；

　　H_i——对应于 t_i 的澄清界面累计下降距离，mm；

　　A——直线段起始端型值点顺序号（一般 $A=1$）；

　　B——直线段末端型值点顺序号；

　　M——直线段 A 到 B 的型值点的累计个数，其中 $M = B - A + 1$。

三、仪器设备及材料

（1）带橡胶塞的磨口圆柱量筒（见图 5-1），容量为 500 mL。

（2）烧杯与锥形瓶，容量分别为 500 mL 和 260 mL。

（3）磁力搅拌器，调速范围 250～1 000 r/min。

(4) 直管吸管,容量 20 mL。

(5) 大肚吸管,容量 20 mL 和 50 mL。

(6) 称量瓶,60×30 mm。

(7) 注射器,容量 1 mL,5 mL,20 mL。

(8) 湿式分样器,分样误差(质量相对误差小于 2%)。

(9) 粉状聚丙烯酰胺。

(10) 小于 0.5 mm 浮选尾煤煤样 500 g 或其他悬浮液、污水等 5 L。

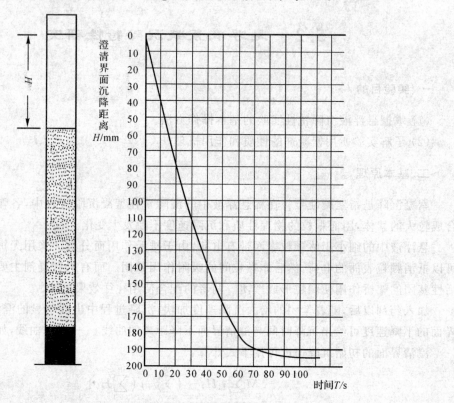

图 5-1 澄清界面沉降曲线图

四、实验步骤与操作技术

1. 配制质量分数为 0.1% 的聚丙烯酰胺 100 mL

用牛角勺以最少的次数将絮凝剂装进已知质量的洁净而又干燥的称量瓶中,称取 0.25 g,称量时要求准确到 0.001 g,同时按溶液质量分数为 0.1% 求出稀释水的体积 V_p,其表达式为

$$V_p = \frac{m(w - w_p)}{\rho w_p} \qquad (5-2)$$

式中　V_p—— 添加水量,mL;

　　　　m—— 称量的商品絮凝剂的质量,g;

　　　　w—— 商品絮凝剂的纯度(以小数表示),%;

　　　　w_p—— 所配制的絮凝剂水溶液质量分数,%;

ρ—— 添加水的密度,$\rho = 1 \text{ kg/L}$。

将所求出的稀释水,使用量筒称量并注入 500 mL 烧杯中,再将烧杯置于磁力搅拌器上,放入搅拌磁棒,开启磁力搅拌器,调整转速使液体产生强烈涡流。再将称好的絮凝剂均匀地、分散地撒在涡流面上,待絮凝剂全部撒完后,将磁力搅拌器转速调至 300 ～ 400 r/min,搅拌 2 h,使絮凝剂颗粒完全溶解。若搅拌完毕后仍有未溶解的聚团颗粒,此溶液作废,重新配制。

2.进行沉降实验

(1)称取试样 40 g 待用。

(2)将称好煤样仔细倒入 500 mL 量筒中,并注入少量清水进行润湿,上下倒置,直至煤泥全部润湿并分散在水中为止。

(3)用普通坐标纸制成纸带,黏附于 500 mL 量筒壁上,以液面为原点,单位为 mm,方向向下建立纵坐标(见图 5-1)。

(4)将蛇形日光灯管扭成垂直状,开启开关,放置在量筒附近,以观察量筒澄清界面的形成和下降情况。

(5)根据 0.8 g/m³ 的药剂单元耗量计算,用注射器吸取絮凝剂溶液 0.4 mL,一次性加入待实验的量筒中,盖紧橡胶塞。

(6)将量筒上下翻转 5 次,转速以每次翻转时气泡上升完毕为止。平行实验中翻转次数、力度和时间应基本一致。

(7)当翻转结束后,迅速将量筒立于日光灯管前,并立即开始计时。

澄清界面每下降 0.5 ～ 1 cm 的距离,记录沉降时间,开始时沉降速度较快,以 1 cm 为记录间隔,待澄清界面接近压缩区时,再以 0.5 cm 为记录间隔,直至沉淀物的压缩体积不发生明显变化时为止。

当记录沉降时间时,应由一人读沉降高度,一人读时间和记录数据。

本实验若提出正式报告时,需做平行实验。

五、数据记录与处理

(1)将实验数据填入悬浮液絮凝沉降实验结果表(见表 5-3)中。

(2)以澄清液面下降距离为纵坐标,沉降时间为横坐标绘制沉降曲线。

(3)在沉降曲线上,沉降起始点至压缩状态出现之前的线段内,求出直线段部分的斜率作为沉降速度值。

(4)两次平行实验的相对误差不超过 8%,以算术平均值作为实验基础数据。

(5)采用式(5-1)计算初始沉降速度,与作图法所得数据进行比较。

(6)编写实验报告。

六、思考题

(1)在此实验中,如煤泥中细泥含量较高,沉降后的澄清水会出现什么现象?试从理论上分析之。如果要使澄清水变清,你将采用什么方法?

(2)高分子絮凝剂的作用机理是什么?絮凝剂的分子量对药剂性能和使用有何影响?

表 5 - 3　悬浮液絮凝沉降实验结果表

悬浮液来源：_____　　　絮凝剂:名　称：_____

悬浮液浓度：_____　　　分子量：_____

取样日期：_____　　　类　型：_____

实验日期：_____　　　絮凝剂溶液质量浓度：_____

　　　　　　　　　　　　　配制日期：_____

顺序号	絮凝剂用量 /(g/m³)			
	甲样		乙样	
	时间 /s	距离 /mm	时间 /s	距离 /mm
1 2 3 ⋮ n				
初始沉降速度 /(cm/min)				
平均初始沉降速度 /(cm/min)				
上澄清液质量浓度 /(g/L)				
沉积物高度 /cm				

实验人员：　　　　　日期：　　　　　指导教师签字：

5.3　悬浮液的过滤脱水研究 —— 滤饼过滤特性实验

一、实验目的

(1)了解实验装置的基本原理,掌握过滤实验的基本操作过程。

(2)了解判断过滤难易程度的方法。

(3)掌握细粒物料过滤特性的测定方法。

二、基本原理

真空过滤是固液分离的常规方法,过滤特性指物料真空过滤脱水的难易程度。滤饼过滤特性测定装置如图 5 - 2 所示。在过滤过程中过滤的阻力是变化的:

(1)在过滤的开始阶段,滤液通过过滤介质时受到过滤介质(如滤布等)的阻力。

(2)当过滤介质表面形成滤饼以后,滤液则必须同时克服过滤介质和滤饼阻力。

(3)当滤饼厚度增加到相当程度时,滤饼的阻力将成为主导,过滤介质阻力的影响程度将逐渐减弱,甚至可以忽略。

一般用滤饼的体积比阻 γ 作为细粒物料过滤性能的评价。滤饼的体积比阻 γ(单位为 $1/m^2$)指的是悬浮液中黏度为 $1\ Pa\cdot s$ 的液相以 $1\ m/s$ 的速度通过厚度为 $1\ m$ 的滤饼层所需要的压力差(真空度)。滤饼体积比阻的计算公式如下：

$$\gamma = \frac{2PM}{\mu X} \tag{5-3}$$

$$X = \frac{\rho_2 w}{\rho_1(100 - M_t - w)} \tag{5-4}$$

式中　　P——真空度,Pa；

　　　　M——为 $t_i'/V_i' - V_i'$ 曲线的斜率(也可用最小二乘法计算),s/m^2；

　　　　μ——流体的动力黏度,Pa·s；

　　　　X——滤饼体积与滤液容积的比值；

　　　　ρ_1,ρ_2——分别为滤液和滤饼的密度,kg/m^3；

　　　　w——试样的质量分数,%；

　　　　M_t——滤饼全水分,%。

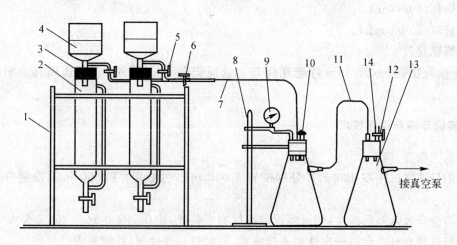

图 5-2　滤饼过滤性测定装置

1—支架；2—滤液计量管；3,13—橡皮塞；4—布氏漏斗；5,6,12—二通阀门；7,11—橡胶管；
8—滴定台；9—真空表；10—调节阀；14—吸滤瓶

　　动力黏度 μ 采用毛细管式黏度计进行测定,黏度计的规格和测定方法可参照 GB 265—75《石油产物运动黏度测定方法》。

　　过滤实验结束后分别测定滤液密度 ρ_1,滤饼密度 ρ_2,滤饼全水分 M_t 和试样的质量分数 w。滤液密度 ρ_1 的测定采用比重瓶法,参见实验 2.1。滤饼密度 ρ_2 指滤饼的质量和它的容积的比值。测定滤饼密度是采取直接用尺测量滤饼试样的面积和厚度(在滤饼的不同位置测量 8 次取其算术平均值),然后再称量滤饼试样的质量。滤饼全水分 M_t 的测定按照 GB 211—79 煤中全水分测定法的规定进行。

　　试样质量分数 w 的测定方法是取 500 g 待过滤煤浆试样注入 1 000 mL 烧杯(或蒸发皿)中,经电热板加热蒸发到快干时,置于干燥箱(温度控制在 105～110℃)蒸发至干,然后取出在干燥器中冷却并称其质量直至恒重,实验结果按下式计算：

$$w = \frac{A - B}{m_{试样}} \times 100\% \tag{5-5}$$

式中　　w——试样的质量分数；

A—— 蒸发皿和蒸干后的固体质量,g;

B—— 蒸发皿质量,g;

$m_{试样}$—— 试样质量,g。

三、实验设备及材料

(1) 过滤装置 1 套。

(2) 电子天平 1 台(2 kg)。

(3) 分析天平(200 g)。

(4) 电热板(3 kW)。

(5) 深度游标卡尺(最小分度值 0.02 mm)。

(6) 烘箱(25 ～ 200℃)。

(7) 烧杯(1 000 mL)。

(8) 量筒(1 000 mL)。

(9) 搪瓷盆若干。

(10) 细粒物料－0.5 mm 浮选精煤与浮选尾煤各 2 kg 待用,也可选用其他细粒物料进行。

四、实验步骤与操作技术

(1) 系统检查、调试。

(2) 用量筒将试样按 400 g/L 分别配置 1 000 mL(过滤用)和 500 mL(质量分数测定用)。

(3) 将滤布置入布氏漏斗,调试煤泥过滤性测定装置,使真空度达到 0.263 2 个大气压。

(4) 将试样充分混合后一次性加入过滤器,同时打开连接阀,使滤瓶内产生负压。

(5) 打开连接阀的同时开始记录滤液体积和时间间隔,直至滤饼表面可见水分消失为止;立即打开旁通阀,过滤过程结束。

(6) 测定滤饼密度和确定悬浮液质量分数。

(7) 整理实验装置。

五、数据记录与处理

(1) 实验数据记录于煤泥过滤性实验测定结果表(见表 5 - 4)。

(2) 进行数据校正。

(3) 计算滤饼体积与滤液容积的比值 X。

(4) 绘制曲线 $t_i'/V_i' - V_i'$ 曲线,确定曲线斜率 M。

(5) 计算滤饼体积比阻。

(6) 编写实验报告。

表 5 - 4　煤泥过滤性实验测定结果表

试样基本情况	
过滤实验条件	

续 表

滤液体积 V_i/mL	过滤时间 t_i/min	校正后过滤体积 V_i'/$\times 10^3$ mL	校正后过滤时间 t_i'/min	t_i'/V_i'

滤饼厚度测定 /mm

1	2	3	4	5	6	7	8	平均

实验人员：   日期：   指导教师签字：

六、思考题

(1) 试述负压过滤与正压过滤的异同。

(2) 影响过滤效果的因素有哪些？结合过滤理论进行分析。

(3) 实验数据校正后绘图的原因何在？

5.4   煤和矸石泥化性能研究

一、实验目的

(1) 研究煤和矸石遇水浸泡产生细粒和粉化成泥的状况。

(2) 学习煤和矸石泥化性能测定的原理及方法。

(3) 为煤炭洗选和后续煤泥水处理提供实验参考数据。

二、基本原理

煤和矸石的泥化，是指矸石或煤浸水后碎散成细泥的现象。煤的泥化实验是在模拟洗选条件下进行煤的泥化特征的测定。煤的泥化特征包括两方面的内容：一是指原煤在洗选条件下的粉碎情况和次生细泥的特征；二是指煤中沉矸（煤的伴生矿物）在洗选条件下的泥化特征。

煤和矸石的泥化特性与选煤工艺过程密切相关，对洗选效果、煤泥水的管理有重要影响，是选煤厂设计、生产时不可缺少的基础资料之一。

泥化实验有转筒法和安德瑞逊法（以下称安氏法）。转筒法的试样是原煤，安氏法的试样是 3～6 mm 的沉矸。

1. 转筒法

转筒法是采用如图5-3所示的转筒泥化实验装置,对来自生产煤样粒度为 $100 \sim 13$ mm 的 4 份 (25 ± 0.5)kg 泥化试样,模拟现场的选煤条件(液固比为 4:1),分别进行不同时间的翻转泥化实验。

测定新产生的 $13 \sim 0.5$ mm,$0.5 \sim 0.045$ mm 以及小于 0.045 mm 各粒级产物的产率,并观察和记录煤泥水沉降快慢,黏度大小,细泥透筛难易情况以及煤块和矸石块实验前后碎裂方面的特征。

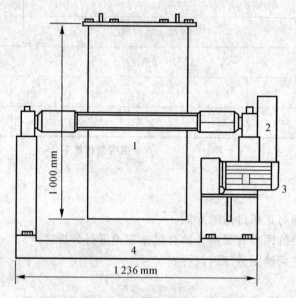

图 5-3　转筒泥化实验装置示意图
1—转筒;2—变速装置;3—电动机;4—底座

2. 安氏法

安氏法是采用安氏泥化实验搅拌装置如图5-4所示,对来自生产煤样粒度为 $6 \sim 3$ mm 烟煤密度大于 1.8 g/cm³(无烟煤密度大于 2.0 g/cm³)的矸石样 500 g 以上,缩分出 (100 ± 0.001)g,装入容积为 1 L 的磨口带塞的洗瓶,安氏搅拌装置转速为 40 r/min。模拟现场细粒矸石的浸泡条件(液固比为 5:1),搅拌 30 min 进行细粒矸石的泥化实验。

测定新产生的小于 0.5 mm 粒级的产率,并观察、记录安氏搅拌装置洗瓶中细矸石在加水前后、搅拌前后有无明显泥化现象,以及安氏泥化分级装置中悬浮液的颜色、沉降和溶胶形成的情况。沉降及溶胶形成可按下列 3 种情况记录:

(1)悬浮液很快发生沉降并出现明量的澄清层。

(2)沉降缓慢,数小时之后才出现明显的澄清层。

(3)长时间不出现澄清层并形成了溶胶,仔细观察溶胶的颜色和混浊情况。

三、实验设备及材料

(1)转筒泥化实验装置(见图5-3):转筒为钢制,容积为 200 L,高为 1 m,翻转速度为 20 r/min。

(2) 实验筛:应符合 GB 6003—85《实验筛》、GB 6004—85《实验筛用金属丝编织方孔网》和 GB 6005—85《实验筛金属丝编织网、穿孔板和电成型薄板筛孔的基本尺寸》的规定,筛孔孔径分别为 100,13,0.5,0.045 mm。

(3) 自动控温鼓风干燥箱。

(4) 台秤:最大称量为 100 kg,感量为 0.05 kg。

(5) 电子天平 1 台(2 kg),搪瓷盆等。

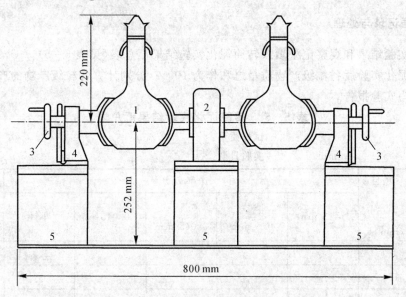

图 5-4　安氏泥化实验搅拌装置示意图

1— 洗瓶;2— 传动装置;3— 调动手轮;4— 支座;5— 底座

四、实验步骤与操作技术

(1) 煤样取自粒度级为 100 ~ 13 mm、质量为 150 kg 的生产煤样,注明煤样名称、采样日期,并将该煤层的顶、底板和夹石特征记录下来。

(2) 实验前把煤样干燥至空气干燥状态,然后缩制出 4 份质量均为(25 ± 0.5)kg 的煤样,分别置于铁簸箕中称量(精确到 0.05 kg)。缩制和称量煤样时,应使用间距为 13 mm 的铁叉子。缩制过程中产生的末煤,按比例均摊到 4 份煤样中参与泥化实验。

(3) 将转筒和所用器具刷洗干净,备用。

(4) 在转筒中放入 1 份煤样,再加入 100 kg 水。

(5) 将转筒盖盖紧,然后开始翻转,进行实验。4 份煤样的翻转时间分别为 5 min,15 min,25 min 和 30 min。

(6) 翻转结束后,将筒内煤样倒出过筛,分成大于 13 mm,13 ~ 0.5 mm,0.5 ~ 0.045 mm 和小于 0.045 mm 4 个产物。筛分时喷水保证筛分完全。

(7) 在实验中,观察记录煤泥水的沉降快慢、黏性大小和细煤泥透筛的难易等情况。对煤样和实验过程中的其他特殊情况也应注意观察和记录,例如煤样中有无极易泥化碎裂的煤块或矸石等。

(8) 将各粒度级产物烘干至空气干燥状态称量(精确到 0.05 kg)。

(9) 测定小于 0.045 mm 细煤泥干基灰分。

五、实验注意事项

泥化实验前煤样总质量与泥化实验后各粒级产物质量之和的差值,不得超过实验前煤样质量的 3%,否则该次实验无效。

六、数据记录与处理

(1) 将实验结果和观察记录填入转筒泥化实验结果汇总表(见表 5-5)。

(2) 以泥化实验后各粒级产物质量之和作为 100%,分别计算各粒级产物的产率。

(3) 编写实验报告。

表 5-5 转筒泥化实验结果汇总表

试样名称:_____　　　　试样质量:_____

试样粒度:_____ mm　　实验日期:_____

序号	翻转时间 /min	产率 /(%)					细泥 <0.045 mm A_d/(%)
	项目	>13 mm	13 ~ 0.5 mm	0.5 ~ 0.045 mm	<0.045 mm	小计	
1	5						
2	15						
3	25						
4	30						
观察结果							
顶、底板和夹石特征							

实验人员:　　　　　　　日期:　　　　　　指导教师签字:

七、思考题

(1) 分析主要影响煤和矸石泥化性能的因素有哪些。

(2) 测定小于 0.045 mm 细煤泥干基灰分的目的是什么?

第6章 非金属矿物深加工实验

6.1 矿物差热分析

一、实验目的

(1)了解差热分析的基本原理及仪器装置。

(2)学习使用差热分析方法鉴定未知矿物。

二、基本原理

差热分析(DTA,Differential Thermal Analysis)是研究相平衡与相变的动态方法中的一种,利用差热曲线的数据,工艺上可以确定材料的烧成制度及玻璃的转变与受控结晶等工艺参数,还可以对矿物进行定性、定量分析。

差热分析的基本原理:在程序控制温度下,将试样与参比物质在相同条件下加热或冷却,测量试样与参比物之间的温差与温度的关系,从而给出材料结构变化的相关信息。

物质在加热过程中,由于脱水、分解或相变等物理化学变化,经常会产生吸热或放热效应。差热分析就是通过精确测定物质加热(或冷却)过程中伴随物理化学变化的同时产生热效应的大小以及产生热效应时所对应的温度,来达到对物质进行定性和定量分析的目的。

差热分析是把试样与参比物质(亦称惰性物质、标准物质或中性物质。参比物质在整个实验温度范围内不应该有任何热效应,其导热系数、比热等物理参数应尽可能与试样相同)置于差热电偶的热端所对应的两个样品座内,在同一温度场中加热。当试样加热过程中产生吸热或放热效应时,试样的温度就会低于或高于参比物质的温度,差热电偶的冷端就会输出相应的差热电势。如果试样加热过程中无热效应产生,则差热电势为零。通过检流计偏转与否来检测差热电势的正负,就可推知是吸热或放热效应。在与参比物质对应的热电偶的冷端连接上温度指示装置,就可检测出物质发生物理化学变化时所对应的温度。

不同的物质,产生热效应的温度范围不同,差热曲线的形状亦不相同(见图6-1)。把试样的差热曲线与相同实验条件下的已知物质的差热曲线作比较,就可以定性地确定试样的矿物组成。差热曲线的峰(谷)面积的大小与热效应的大小相对应,根据热效应的大小,可对试样作定量估计。

差热分析装置主要由加热炉、差热电偶、样品座及差热信号和温度的显示仪表等所组成,如图6-2所示。

加热炉依据测量的温度范围不同,有低温型(800~1 000℃以下)、中温型(1 200℃以下)和高温型(1 400~1 600℃以下)3种。

差热电偶是把材质相同的两个热电偶的相同极连接在一起,另外两个极作为差热电偶的输出极输出差热电势。

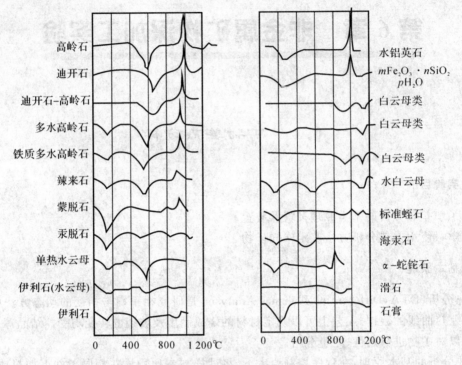

图 6-1　黏土矿物及其夹杂的部分矿物差热分析曲线

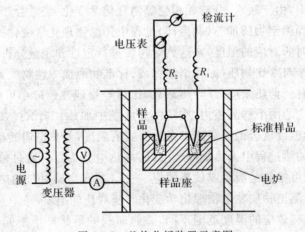

图 6-2　差热分析装置示意图

三、实验设备及材料

(1)差热分析仪是将差热分析装置中的样品室、温度显示、差热信号采集及记录全部自动化的一种分析仪器。

(2)依据组合方式的不同,仪器有 DTA—TG 型和 DTA—DSC(Differential Scanning Calorimeter)型,有的综合差热分析还可以同时测定加热过程中材料的热膨胀、收缩、比热等。

四、实验步骤与操作技术

(1)按图 6-2 所示,检查装置的连接情况。

(2)接通检流计照明电源,调好零位。用手轻轻触摸差热电偶一热端,观察检流计偏转方向。向右偏转定为放热效应,向左偏转为吸热效应。

(3)试样(石膏)放在向右偏转的热端对应的样品座内,中性物质($\alpha - Al_2O_3$)放在另一个样品座内,样品装填密度应该相同。

(4)将样品座置于加热炉的炉膛中心,否则会造成基线偏移,差热曲线变形。

(5)根据空白曲线的升温速率(一般大约 $10℃ \cdot min^{-1}$)升温。每隔 $10 \sim 20℃$ 记录检流计读数和温度。检流计最大偏转时的温度(差热曲线峰顶或谷底温度)一定要记录下来,否则影响差热曲线的形状。石膏试样升温至 300℃ 即可。

五、数据记录与处理

(1)以原始数据记录表(见表 6-1)的形式记录原始数据,以原始数据减去空白实验数据得出校正后的检流计读数,并以校正后检流计读数为纵坐标,温度为横坐标,绘制出差热曲线,如图 6-3 所示。

若所测的矿物是未知矿物,则与标准图谱比较即可鉴定该矿物。常见黏土类矿物的差热曲线如图 6-1 所示。

(2)根据理论教学内容阐述热分析技术在矿物加工工程中的应用,根据实验结果,分析、测试实验中的现象。

(3)编写实验报告。

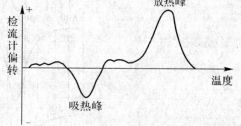

图 6-3 差热曲线(示例)

表 6-1 原始数据记录表

温度/℃	检流计读数	空白实验检流计读数	校正后检流计读数

注:空白实验是指样品座内都装中性物质,对仪器的系统误差进行校正时所作的实验。其实验数据由实验室提供。

实验人员: 日期: 指导教师签字:

六、思考题

(1)和静态方法相比较,差热分析这种动态方法有什么优缺点?

(2)如何保证差热分析数据的准确性?

(3)在矿物热分析方面还有哪些常见的分析方法? 其基本原理如何?

附录:

影响热分析的因素

1.加热速率

加热速率显著影响热效应在差热曲线上的位置,如图 6-4 所示。不同的加热速率,其差热曲线的形态、特征及反应出现的温度范围有明显的不同。

一般加热速率增快,热峰(谷)变得尖而窄,形态拉长,反应出现的温度滞后。当加热速率慢时,热峰(谷)变得宽而矮,形态扁平,反应出现的温度超前。

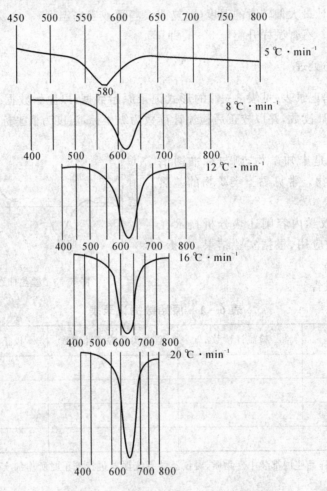

图 6-4 加热速率对高岭石脱水的影响

2.热导率

物质的热导率对差热曲线的形状和峰谷的面积有很大影响。因此,要求样品与中性物质的热传导系数相近。当两者热传导系数和热容相差较大时,即使样品没有发生热效应,由于导热性不同而产生温度差,导致差热曲线的基线不成一根水平线。因此,黏土与硅酸盐物质选用煅烧过的氧化铝或刚玉粉。对于碳酸盐,则选用灼烧过的氧化镁。

3.样品的物理状态

(1)颗粒度。粉末试样颗粒度的大小,对产生热峰的温度范围和曲线形状有直接影响。

一般来说,颗粒度愈大,热峰产生的温度愈高,范围愈宽,峰形愈趋于扁而宽。反之,热效应温度偏低,峰形尖而窄。试样细度一般能过 4 900 孔·cm^{-2} 筛较好。

(2)试样的质量。一般用少量试样可得到较明显的热峰。试样太多,由于热传导迟缓所以相近的两峰易合并在一起。通常试样用 0.2 g 左右,可以得到较好的灵敏度。

(3)试样的形状和堆积。试样堆积最理想的方式是将粉状试样堆积成球形,从热交换观点看,球形试样可以没有特殊损失。为方便起见,可取试样直径与高度相等的圆柱体代替。

试样的堆积密度与中性物质一致,否则,在加热过程中,因导热不同会引起差热曲线的基线偏移。

(4)热电偶的热端位置。热电偶热端在试样中的位置不同,会使热峰产生的温度和热峰的面积有所改变。这是因为物料本身有一定的厚度,因此表层的物料物理化学过程完成较早,中心部分较迟,使试样出现温度梯度。

6.2　黏土或坯体干燥性能的测定实验

在陶瓷或耐火材料等的生产中,成型后的坯体中都含有较高的水分,在煅烧以前必须通过干燥过程将自由水除去。人们早已发现,在干燥过程中随着水分的排出,坯体会不断发生收缩而变形,一般是在形状上向最后一次成型以前的状态扭转,这会影响坯体的造型和尺寸的准确性,甚至使坯体开裂。为了防止这些现象发生,就得测定黏土或坯料的干燥性能。为此,本实验进行"线收缩率与体积收缩率""干燥过程曲线"和"干燥强度"的测定。

该系列实验对其他矿物的干燥亦有指导意义。

6.2.1　线收缩率与体积收缩率的测定

一、实验目的

(1)了解黏土或坯料的干燥收缩率与制定陶瓷坯体干燥工艺的关系。

(2)了解调节黏土或坯体干燥收缩率的各种措施。

(3)掌握测定黏土或坯体干燥收缩率的实验原理及方法。

二、基本原理

在陶瓷配方中,可塑性黏土对坯体的干燥性能影响最大。黏土的各项干燥性能对制定陶瓷坯体的干燥过程有着极重要的意义。干燥收缩大,临界水分和灵敏指数高的黏土,干燥中就容易造成开裂变形等缺陷,干燥过程(尤其在等速干燥阶段)就应缓慢平稳。干燥收缩过大的黏土,常配入一定的黏土熟料、石英、长石等来调节。工厂中根据干燥收缩的大小确定毛坯、模具及挤泥机出口的尺寸,根据干燥强度的高低选择生坯的运输和装窑的方式。因此,测定黏土或坯料的干燥收缩率是十分重要的。

影响黏土或坯体干燥性能的因素很多,如颗粒大小、形状、可塑性、矿物组成,吸附离子的种类和数量、成型方式等。一般黏土细度愈高的可塑性愈大,收缩也大,干燥敏感性愈大。

干燥收缩有线收缩和体积收缩两种表示法,前者测定较简单。对某些在干燥过程易于发生变形、歪扭的试样,必须测定体积收缩。线收缩和体积收缩可按下式计算:

$$线收缩 = \frac{I_0 - I_1}{I_1} \times 100\%$$ (6-1)

式中 I_0——试样干燥前(刚成型时)刻线间的距离,cm;

I_1——试样干燥后刻线间的距离,cm。

$$体积收缩 = \frac{V_0 - V_1}{V_1} \times 100\%$$ (6-2)

式中 V_0——试样干燥前的体积,cm³;

V_1——试样干燥后的体积,cm³。

试样的体积可根据阿基米德原理,测其在煤油中减轻的质量计算求得。干燥前后的试样称量前需饱吸煤油,计算式如下:

$$V_0 = \frac{m_0 - m_0'}{\rho_{煤油}}$$ (6-3)

式中 m_0——成型试样饱吸煤油后在空气中的质量,g;

m_0'——成型试样饱吸煤油后在煤油中的质量,g;

$\rho_{煤油}$——煤油的密度,g·cm⁻³。

同样

$$V_1 = \frac{m_1 - m_1'}{\rho_{煤油}}$$ (6-4)

式中 m_1——干燥后试样饱吸煤油后在空气中质量,g;

m_1'——干燥后试样饱吸煤油后在煤油中的质量,g;

$\rho_{煤油}$——煤油的密度,g·cm⁻³。

体积收缩和线收缩可按下式计算:

$$线收缩 = [1 - (1 - 体积收缩)^3] \times 100\%$$ (6-5)

一般,体积收缩近似是线收缩的3倍。

干燥临界水分是坯体在干燥过程中,由于自由水的排出,体积发生收缩到一定阶段时,坯体不再收缩,在此临界点坯体含水量,即为临界水分,实验中根据干燥收缩曲线找出收缩终止点,再从失重曲线找出其相应的含水率求得,如图6-5所示。

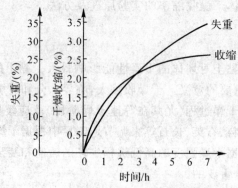

图6-5   黏土(坯体)干燥收缩与失重

干燥灵敏指数,表示干燥的安全程度。根据不同基准,定量地表示干燥灵敏指数的方式很多。本实验以干燥收缩体积对于干燥后的真孔隙体积的比值表示:

$$K = \frac{\text{收缩体积}}{\text{孔隙体积}} = \frac{W_H - W_K}{W_K} \qquad (6-6)$$

式中　　W_H——试样干燥前的含水量,%;

　　　　W_K——试样的临界水分,%;

　　　　K——黏土的干燥灵敏指数。

黏土的干燥灵敏指数可分为 3 类:$K \leqslant 1$,干燥灵敏性小,是安全的;$K = 1 \sim 2$,干燥灵敏性中等,较安全;$K \geqslant 2$,干燥灵敏性大,不安全。

三、实验设备及材料

(1) 调温调湿箱及热天平装置,如图 6-6 所示,天平左盘放上试样伸入调温调湿箱内,天平右盘中放砝码,以平衡其不断排出水的质量。

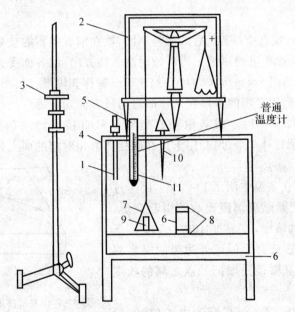

图 6-6　调温调湿装置(干燥失重收缩速率、临界水分测定装置)示意图

1—湿球导电计;2—天平;3—测高仪;4—调温调湿箱;5—温度计;6—支架;7—吊篮;8—玻璃板;
9—试样;10—干球导电计;11—温度计

(2) 分析天平(感量 0.1 mg),台式天平(感量 0.1 g)。

(3) 测高仪(分度值 0.01 mm)及支架,用来测定试样连续收缩。

(4) 计时钟。

(5) 抗折强度实验机。

(6) 真空泵。

(7) 游标卡尺(准确度 0.02 mm),收缩卡尺。

(8) 玻璃板(30 mm × 30 mm)。

(9) 金属丝。

(10) 0.5 mm 孔径筛。

(11) 骨刀。

(12) 铜切膜。

(13) 碾棒(铝质或木质的)。

(14) 衬布。

(15) 调泥皿。

四、实验步骤与操作技术

1. 试样的制备

(1) 黏土试样的制备。称取已通过 0.5 mm 孔径筛的原料,置于调泥皿中,逐渐加水搅拌至正常工作水分,充分捏练后,盖好静置 24 h 备用。

(2) 坯料试样的制备。一般直接取用经真空练泥机练制的泥料,如用干坯料其制备方法与黏土相同。

2. 线收缩率的测定

(1) 取经充分捏练(或真空练泥)后的泥料一团,放在铺有湿布的玻璃板上,上面再放一层湿布,用专用碾棒,有规律地进行碾滚。当碾滚时注意换方向,使各面受力均匀,最后把泥块表面轻轻滚平,用铜切模切成 50 mm×50 mm×8 mm 试样 3 块,然后,小心地脱出置于垫有薄纸的玻璃板上放平,随后用专用的卡尺在试样的对角线方向互相垂直地打上长 50 mm 的两根线条,并编好号码(见图 6-7)。或者取经真空练泥机直接挤出来的泥条,用钢丝刀切成 Φ23 mm×70 mm 的圆柱体 3 个,用专用卡尺在圆柱体两相对应的面上打上长 50 mm 的两根线条,并编好号。

(2) 制备好的试样在室温中阴干 1～2 d。阴干过程中,注意翻动,以不使紧贴玻璃阻碍收缩引起变形,待至试样发白后放入烘箱中,在温度 105～110℃ 下烘干 4 h,冷却后用细砂纸磨去标记处边缘的突出部分,用游标卡尺或工具显微镜量取记号点之间的长度(精确至0.02 mm)。

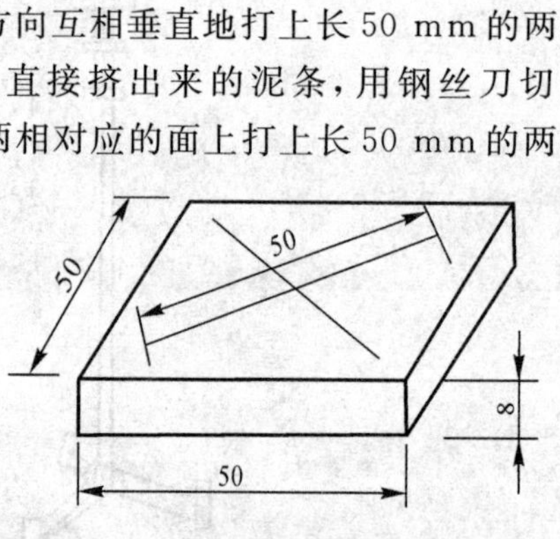

图 6-7 方试样形状尺寸(单位:mm)

(3) 将测量过干燥收缩的试样装入电炉(或实验窑、生产窑)中焙烧(焙烧时应选择平整的垫板和垫上石英砂或氧化铝粉),烧成后取出,再用游标卡尺或工具显微镜量取其记号间的长度。

3. 体积收缩率的测定

(1) 取经充分捏练(或经真空练泥)后的泥料,碾滚成厚 10 mm 的泥块(碾滚方法与线收缩试样相同),然后切成 15 mm×15 mm×70 mm 试条 5 块,并且标上记号。或者取经真空练泥机直接挤出的泥条,用钢丝刀切成 15 mm×15 mm×70 mm 试条 5 块,并标上记号。

(2) 将制备好的试样,当即用天平迅速称量(精确至 0.005 g),然后放入煤油中称取其在煤油中的质量和饱吸煤油后在空气中的质量,然后置于垫有薄纸的玻璃板上阴干 1～2 d,待试样发白后放入烘箱中,在 105～110℃ 温度下烘干至恒重(约 4 h),冷却后称取在空气中的质量(精确至 0.005 g)。

(3) 把在空气中称其质量后的试样放在抽真空的装置中,在相对真空度不小于 95% 的条件下,抽真空 1 h,然后放入煤油(至浸没试样),再抽真空 1 h(试样中没有气泡出现为止),取出后称其在煤油中的质量和饱吸煤油后在空气中的质量(精确至 0.005 g),称量时应抹去多余的煤油。

五、实验注意事项

(1)线收缩率测定避免试样变形,测量应准确。

(2)体积收缩率测定的试样,应避免边棱角碰损,称量力求准确,抹干煤油(或水)的程度应力求一致。

六、数据记录与处理

(1)将有关数据记入线收缩率及体积收缩率测定记录表(见表 6 - 2)中。

表 6 - 2 线收缩率及体积收缩率测定记录表

试样名称						测定人			测定日期	
试样处理						煤油相对密度 γ / g·cm^{-3}				
				湿试样			干试样			
编号	湿试样记号间距离 / mm	干试样记号间距离 / mm	干燥线收缩率 /%	成型后试样在空气中的质量 m / g	饱吸煤油后在空气中的质量 m_0 / g	饱吸煤油后在煤油中的质量 m_0' / g	试样体积 V_0 / mm^3	干燥后试样在空气中的质量 m' / g	饱吸煤油后在空气中的质量 m_1 / g	饱吸煤油后在煤油中的质量 m_1' / g	试样体积 V_1 / mm^3	干燥体收缩率 /%
1												
2												
3												
4												
5												

实验人员: 日期: 指导教师签字:

(2)计算试样含水率、线收缩百分率、体收缩百分率等。

1)试样含水率:干基 $=\dfrac{m-m'}{m'}\times100\%$;湿基 $=\dfrac{m-m'}{m}\times100\%$

2)线收缩百分率:干基 $=\dfrac{I_0-I_1}{I_1}\times100\%$;湿基 $=\dfrac{I_0-I_1}{I_0}\times100\%$

3)体收缩百分率:干基 $=\dfrac{V_0-V_1}{V_1}\times100\%$;湿基 $=\dfrac{V_0-V_1}{V_0}\times100\%$

式中 m——成型后试样原始质量,g;

m'——干燥后试样质量,g;

I_0——试样原始长度，mm；

I_1——干燥后试样长度，mm；

V_0——成型后试样原始体积，mm^3；

V_1——干燥后试样的体积，mm^3。

4）线收缩率和体缩率之间的关系见下式，即

$$线收缩 = [1 - (1 - 体积收缩)^3] \times 100\%$$

（3）阐述线收缩率与体积收缩率的测定技术在矿物加工工程中的应用，根据实验结果，分析测试、实验中的现象。

（4）编写实验报告。

七、思考题

（1）黏土或陶瓷坯料的干燥性能对制坯工艺有何重要意义？

（2）简述线收缩率与体积收缩率测定的目的和意义。

（3）简述线收缩率与体积收缩率的测定仪器的构造及测试基本原理。

6.2.2 干燥过程曲线的测定

一、实验目的

（1）了解黏土或坯料干燥过程中各个参数的变化规律。

（2）了解调节黏土或坯体干燥过程中各个参数的各种措施。

（3）掌握测定黏土或坯体干燥过程曲线的实验原理及方法。

二、基本原理

干燥过程与物料的水分、温度和干燥速度有关。通过实验获得干燥过程中物料中各个参数的变化，并将其绘制成干燥过程曲线，就可对干燥理论进行论述，给制定干燥工艺制度提供依据。

可塑状态的坯体在干燥过程中，随着温度和时间的增加，水分不断地扩散和蒸发，坯体的质量将不断减轻，坯体的体积和孔隙也不断发生变化，整个过程大致可以分为4个阶段：开始为加热阶段，这个阶段时间很短，坯体的体积基本不变，当坯体的温度迅速上升至湿球温度时，干燥速度增至最大时即转入第二阶段，即等速干燥阶段。等速干燥阶段干燥速度恒定不变，其数值上等于水分从自由表面上蒸发的速度，坯体表面的温度也固定不变，约等于湿球温度，而坯体体积逐渐收缩，是干燥过程最危险阶段。第三阶段为降速阶段，由于体积收缩造成水分内扩散阻力增大，使干燥速度开始下降，坯体的平均温度上升。由等速阶段转为降速阶段时的转折点叫临界点，此时坯体的水分即为临界水分。降速阶段，坯体体积收缩基本停止，继续干燥仅增加坯体内的孔隙。当坯体含水率同周围环境的温度达到平衡时，水停止排出，干燥速度等于零，坯体进入平衡状态，此时坯体含水量叫平衡水。平衡水的大小根据物料的性质及周围环境、温度、湿度而定。在这种状态下，干燥过程已经停止。

从干燥过程看来，等速干燥阶段是最重要的阶段。这个阶段坯体发生收缩，产生收缩应力，往往导致坯体变形或开裂。而不同的坯料，在干燥过程中，水分蒸发快慢，收缩大小，临界

水分的高低,往往是不相同的,这是坯料的干燥特性。因此,测定坯料在干燥过程中失重、收缩速率和临界水分,对于鉴定坯料的干燥特性,制定合理的干燥工艺制度具有重要意义。

三、实验设备及材料

(1) 调温调湿装置由调温调湿箱、天平、测高仪等组成,如图 6-6 所示。

(2) 可塑泥料。

(3) 干燥坯泥(或黏土)。

四、实验步骤与操作技术

(1) 试样的制备。

1) 可塑泥料。 直接取经真空练泥机捏练后的泥料 1 份,用钢丝刀切成两端平行的 Φ23 mm×60 mm 或 30 mm×30 mm×60 mm 的试样 2 块,用湿布盖好备用。

2) 干燥坯泥(或黏土)约 0.5 kg,粉碎至全部通过 100 目筛,置于调泥容器中,加水搅拌至正常可塑状态,充分捏练后静置 24 h,取出再充分捏练后,用钢丝刀切成两端平行的 30 mm×30 mm×60 mm 的试样 2 块,用湿布盖好备用。

(2) 把调温调湿箱预热至实验所需要的温度(65℃±2℃)和湿度(相对湿度70%±5%)。取已经切好的试样 1 块,两端垫以已测定厚度的薄玻璃板(30 mm×30 mm)各 1 块,用游标卡尺量取试样(连同玻璃板)长度,然后迅速放入烘箱内的支架(见图 6-6)上,记下测高仪原始读数(也可调整测高仪的游标位置以便于读数)。

(3) 与此同时,把已经切好的另 1 块试样,迅速放入专用天平。一端悬入烘箱中的吊篮里,并迅速称其质量(为迅速起见可用物理天平先称一下),关好烘箱门,迅速调整好温度和湿度,并打开鼓风机。

(4) 从试样放入烘箱开始,每隔 15 min 称取试样质量,读取测高仪读数和干湿球温度 1 次(称量时应将鼓风机关掉),直至收缩停止(测高仪先后两次读数相差不大于 0.05 mm),再测定几次后即可停止(如需测定失重的整个过程,则可继续进行测定,直至前后两次称量差值不大于 0.01 g 为止)。

五、实验注意事项

(1) 实验前,首先全面检查调温调湿箱设备是否完好,有无断路或漏电现象,然后把贮水瓶用水灌满。为了防止加湿器产生水垢和沉淀而淤塞,必须采用蒸馏水作为水源,一切准备就绪可按下闸刀开关。

(2) 注意先升温,后加湿。开始升温时,可将功率转换开关旋转至指数[Ⅰ](功率为 0.88 kW),待箱内升温接近需要值后再旋转至指数[Ⅱ](功率为 0.44 kW),这样有利恒温灵敏度提高。

(3) 开启加湿开关前,必须检查水位指示玻璃管的水位是否正常(红线标记),并把蒸气调节阀指针指在需要的位置,待箱内温度接近需要值后,方可开启加湿开关。但不要将湿球导电计一下子调节到湿球需要值,而应该逐渐调高为宜。 如果加湿开始后导电计一下子调高使连续加湿时间过长,蒸汽喷出太多会造成湿度突然上升和箱内凝露现象。

(4) 贮水瓶内蒸馏水应及时加入并注满,切勿断水。通过水管道要清洁通畅,以保证蒸汽锅不断水,否则加湿系统会因此损坏,切切注意。

(5)直接采用真空练泥机挤制的试样不容许用外力加以整形,试样两端应尽量切得平行,装在支架上应保证垂直。测高仪的微分尺保证上下自由移动,灵敏准确。

(6)切取试样动作应迅速熟练,尽量使水分不被蒸发。测试过程中,称量时要轻取轻放,快速准确。

(7)注意保证箱内温度、湿度恒定(温度波动应不大于±2℃,相对湿度不大于±5%),避免震动,并尽量不开启烘箱门。

(8)实验完毕,切断给湿器、送气马达及总电源开关,清除箱内积水,倘若长时间搁置不用,应把加湿器、水箱的存水放掉。

六、数据记录与处理

(1)将有关数据记入干燥过程曲线测定记录表(见表6-3)中。

表6-3 干燥过程曲线测定记录表

试样名称		测定人		测定日期	
湿试样长 $L_湿$ mm		湿试样质量 $m_湿$ g		试样水分 %	
干试样长 $L_干$ mm		干试样质量 $m_干$ g		临界水分(干基) %	

时间 min	累计时间 min	干球温度 ℃	湿球温度 ℃	相对湿度 %	试样质量 m_n g	测高仪读数 L_n mm	失重= $m_湿-m_n$ g	收缩= $L_湿-L_n$ mm	干基失重 %	干基收缩 %	含水量 %	干燥速率 %/h

实验人员:　　　　　　　　日期:　　　　　　指导教师签字

(2)计算表6-3中其他相关数据,并完成表格。

1)失重百分率。

$$干基(w_干)=\frac{m_湿-m_n}{m_干}\times100\%;湿基(w_湿)=\frac{m_湿-m_n}{m_湿}\times100\%$$

式中　$m_湿$——湿试样原始质量,g;

　　　$m_干$——干试样质量,g;

　　　m_n——实验过程中任一次所称试样质量,g。

2)线收缩百分率。

$$干基(y_干)=\frac{L_湿-L_n}{L_干}\times100\%;湿基(y_湿)=\frac{L_湿-L_n}{L_湿}\times100\%$$

式中　$L_湿$——湿试样原始长度,mm;

$L_{\mp}$—— 干试样长度,mm;

L_n—— 实验过程中一次所读取试样长度(精确到小数点后二位),mm。

3) 干燥灵敏指数。

$$K = \frac{\text{收缩体积}}{\text{孔隙体积}} = \frac{W_H - W_K}{W_K}$$

式中　W_H—— 试样干燥前的含水量,%;

W_K—— 试样的临界水分,%;

K—— 黏土的干燥灵敏指数。

(3) 以干燥时间(或坯泥的含水率)为横坐标,以试样的失重百分率和线收缩率为纵坐标,绘制干燥失重百分率-时间、干燥线收缩率-时间曲线,或干燥失重百分率-含水率、干燥线收缩率-含水率曲线。

(4) 根据"干燥失重百分率-时间"曲线计算每单位时间的干燥速率,再绘成"干燥速率-时间"曲线。

例如:第一次称量的时间为 0.5 h,失重百分率为 0.6%,则干燥速率为 $0.6\% \div 0.5 = 1.2\%/h$,其时间为

$$\frac{0+0.5}{2} = 0.25 \text{ h}$$

第二次称量时间为 1 h,失重百分率为 1.38%,则干燥速率为

$$\frac{1.38\% - 0.6\%}{0.5} = 1.56\%/h$$

其时间为 $0.25 + 0.5 = 0.75$ h,以此类推。

(5) 根据"干燥失重百分率-时间"曲线和"干燥线收缩率-时间"曲线计算干燥临界水分。

例如:原始(湿)坯料水分为 19.04%,当干燥停止收缩时,坯料放出的水分为 7.77%,则临界水分为 $19.04\% - 7.77\% = 11.27\%$。

七、思考题

(1) 测定黏土或陶瓷坯料干燥收缩、干燥过程曲线、干燥强度的原理是什么?

(2) 干燥过程分几个阶段? 坯体在不同阶段发生什么变化?

(3) 简述黏土的干燥收缩与其可塑性程度的相互关系。

(4) 影响黏土原料收缩的一些因素及其原因分析。

附录:

相对湿度对照表用法:对照表的纵坐标为干球温度,横坐标为干球与湿球的温差度数,纵横坐标对角线为相对湿度值。

例如:干球为 45℃,相对温度为 95%,求湿球温度指示值。在干球指示之温度 45℃,横向找到相对温度 95%,从 95% 纵向的干湿球温差为 1℃,则 $45 - 1 = 44$℃,即为湿球温度指示值。

6.2.3 干燥强度的测定

一、实验目的

(1) 了解黏土或坯体干燥强度的变化规律。

(2) 了解调节黏土或坯体干燥强度的各种措施。

(3) 掌握测定黏土或坯体干燥强度的实验原理及方法。

二、基本原理

在陶瓷生产中,搬运由可塑坯料成型的坯体时要求其具有较好的干燥强度。此外,干燥强度在干燥过程中也是重要的,在生产过程中往往希望能将坯体尽快干燥,产生较高的干燥强度,以便脱模、修坯和施釉。但当干燥强度大时,坯体容易变形或开裂。因此,测定坯体的干燥强度也可给制定干燥工艺制度提供依据。

黏土的干燥强度一般用抗折强度极限来表示,即用材料受到弯曲力作用破坏时的最大应力(单位:kgf[①]·cm^{-2} 或 Pa),或者破坏时的弯曲力矩(单位:kgf·m 或 N·m)与折断处截面阻力力矩(单位:cm^3 或 m^3)之比表示。

$$P_\mu = \frac{M}{W} = \frac{\frac{GI}{4}}{\frac{bh^2}{6}} = \frac{3GI}{2bh^2} \qquad (6-7)$$

式中　M——弯曲力矩,kN·m;

　　　W——阻力力矩,m^3;

　　　G——试样折断瞬间的负荷重力,kN;

　　　I——支撑刀口之间的距离,m;

　　　b——试样的宽度,m;

　　　h——试样的高度,m;

　　　P_μ——试样的抗折强度,kPa。

三、实验设备及材料

(1) 电动抗折仪(见图 6-8)。

(2) 游标卡尺。

(3) 试样的制备:用真空练泥机挤制出来的泥段,制成所需要的试样。根据产物不同,所制作的试样尺寸要求也不同。

1) 细陶瓷工业采用的试样是直径为 10～16 mm,长 120 mm 的圆柱或截面呈正方形的方柱体 10 mm×10 mm×120 mm,均用真空练泥机挤坯成型或在模型中成型。

2) 当进行粗陶坯泥实验时,采用 20 mm×20 mm×120 mm 或 15 mm×15 mm×120 mm 的截面呈正方形的方柱体,试样用可塑法在石膏模或木模中成型,或在金属模中压制成型。

3) 在无线电陶瓷工业中,采用的试样是直径为 (7 ± 1) mm、长为 (65^{+5}_{-3}) mm 的圆棒或截面

---

① kgf 为非法定计量单位,1 kgf ≈ 9.8 N。

呈正方形的方柱体(7 mm×7 mm×60 mm),试样用热压铸法成型,或用半干压法成型。

以上试样制备时的条件(如对坯泥的要求,成型的方法或烧结条件)均应与制品之生产条件一致或相近。

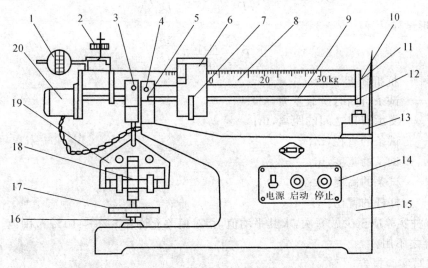

图 6-8　电动抗折仪

1— 配重砣;2— 感量砣;3— 悬挂刀座;4— 固定刀座;5— 固定刀座挡板;6— 游砣;7— 压杆;

8— 重尺;9— 丝杆;10— 定位扳;11— 指针;12— 吊板;13— 微动开关座;14— 操纵箱;

15— 底座;16— 升降杆;17— 手砣;18— 下夹具;19— 上夹具;20— 电机

四、实验步骤与操作技术

(1) 打开电源开关,接通电源。

(2) 调整零点(调整配重砣,使游砣在"0 位"上,主杠杆处于水平位置)。

(3) 清除夹具上圆柱表面黏附的杂物,将试样放入抗折夹具内,并调整夹具,使杠杆在试样折断时接近平衡状态。

(4) 按动启动按钮,指示灯亮(红),电机带动丝杆转动,游砣移动加载,当加到一定数值时,试样折断,主杠杆一端定位针压合微动开关,电机停转,记下此数值。

(5) 按压游砣上的按钮,推游砣回到"0 位"。

(6) 用游标卡尺量取折断部尺寸,从不同方向测定两次,取其平均值。

(7) 本实验至少应测定 5 个试样。

五、实验注意事项

(1) 试样与刀口接触的两面应保持平行,与刀口接触点需平整光滑。

(2) 当安装试样时,试样表面与刀口接触只呈紧密状态,而不应受到任何弯曲负荷,否则引起结果偏低。

(3) 试样折断处的尺寸应测量准确。

六、数据记录与处理

(1) 将有关数据记入抗折强度测定记录表(见表 6-4)中。

（2）抗折强度的计算。

1）圆形试样。

$$P_\mu = \frac{8G_0 l}{\pi D^3} K \approx 2.5 \frac{G_0 l}{D^3} K \qquad (6-8)$$

2）方形试样。

$$P_\mu = \frac{3G_0 l}{2bh^2} K \qquad (6-9)$$

式中　　P_μ——抗折强度，kPa；

　　　　G_0——试条折断时所载重力，kN；

　　　　l——支承刀口之间的距离，m；

　　　　D——试条的直径，m；

　　　　b——试条的宽度，m；

　　　　h——试条的高度，m；

　　　　K——杠杆的臂比。

（3）每种实验应至少做 5 次，求其平均值，相对偏差允许在 5％～10％ 范围内，超过 10％ 的结果应弃之不用。

（4）编写实验报告。

表 6-4　抗折强度测定记录表

试样名称		测定人		测定日期	
试样规格		支撑刀口间距 m		杠杆的臂长比值 K	
编号	试条折断处截面的尺寸		折断荷重力 G_0 kN	抗折强度 P_μ kPa	平均值 P_c kPa	绝对误差 $S = P_c - P_\mu$	相对误差 = $\frac{S}{P_c} \times 100\%$
	高 h/m	宽 b/m					
1							
2							
3							
4							
5							

实验人员：　　　　　　日期：　　　　　指导教师签字

七、思考题

（1）影响黏土干燥强度的一些因素及其原因分析。

（2）测定黏土或陶瓷坯料干燥强度的目的是什么？

6.3　矿物煅烧（热分解）实验

一、实验目的

（1）加深对矿物煅烧理论的认识和理解，理解主要煅烧矿物过程的实质，掌握矿物煅烧温度与其性质、应用性能之间的关系及其影响规律。

（2）了解煅烧炉的构造、工作原理，掌握矿物煅烧的操作方法及操作要领，熟悉设备操作、入料、取料、温度调节等实验方法。

（3）了解不同矿物煅烧热分解温度，了解矿物煅烧过程的各种影响因素及其影响规律，掌握矿物煅烧结果的分析方法。

二、基本原理

矿物煅烧是非金属矿产深加工的一个重要工艺技术，根据不同矿物及其性质分析，采用合适的煅烧条件，制备煅烧产物，并对产物性能进行分析研究，是矿物加工工程专业本科毕业生的重要基本技能和提高素质的实际训练过程。

热分解是矿物晶体分子结构在热处理过程中发生分解的热化学反应，工艺学上称为煅烧（轻烧）。各种矿物的热分解温度十分重要。具体矿物要根据差热分析（DTA）结果，通过实验分析、研究确定。

热分解分为 4 个阶段：

（1）热分解脱水。热分解脱水是指在热状态下，使矿物分子内部的结合水分解排出的过程。不同矿物的结合水脱水失重曲线差异很大。矿物在低温下，脱出大量结构水与结晶水，但是还保留部分结构水与结晶水，直到更高温度时，才能全部脱出。

（2）氧化分解反应。当矿物在煅烧时，发生分解反应，不同矿物分解温度不同。

（3）分解熔融。分解熔融是指在矿物加工及其制品生产中，异元熔融化合物，即某些硅酸盐矿物在高温下热解，转变成新的洁净矿物，同时产生具有补充组分的液相，这类矿物在相律上，叫做异元熔融化合物。

（4）熔融。熔融是将固体矿物或岩石在熔点条件下，转变为液相高温流体的工艺过程。① 单一组分熔融。单一组分熔融是将单一组分的高纯度氧化物用电弧炉或高频电炉熔融，以获得稳定的结晶块。② 复合成分的熔融。复合成分的熔融是指由两种以上的被熔融物经过相互熔融（在熔融状态下互相混合），使之发生高温反应的工艺过程。

三、实验设备及材料

（1）颚式破碎机。

（2）箱式电阻炉。

（3）YQ—Z48A 白度仪，X-射线衍射（XRD）仪，扫描电镜（SEM）分析仪。

（4）干燥皿，瓷舟 10 ～ 15 个，送取样钳。

（5）煤系高岭土、石灰石、白云石等矿物。

四、实验步骤与操作技术

（1）认真熟悉、掌握相关仪器、设备安全操作规程并认真阅读使用说明书。

（2）试样的制备。根据实验目的选择高岭土或石灰石、白云石等矿物，破碎至合适粒度，高岭土为粉状或 10 ～ 20 mm 颗粒状；石灰石、白云石为 10 ～ 20 mm 颗粒状。

（3）煅烧实验。

1）验证性实验。

① 按煅烧炉使用要求,将炉温升至预定温度;

② 待温度稳定后,打开炉门,将被煅烧物料放入瓷舟内,用送取样钳将盛装煅烧物料的瓷舟放入煅烧室内,进行要求时间的煅烧;

③ 达到计划时间后,打开炉门,用送取样钳将盛装煅烧物料的瓷舟取出。

2) 探索性实验。

根据不同煅烧温度实验计划,设定煅烧温度,分组进行煅烧,当达到计划温度时,迅速取出煅烧样品,其余实验步骤同上。

五、实验注意事项

实验前仔细阅读各设备的使用要求,实验中严格按照煅烧炉使用方法操作,严防烫伤、烧伤。

六、数据记录与处理

(1) 根据不同实验目的和内容将有关数据填入高岭土非晶化温度分析表(见表6-5)和不同的煅烧温度、煅烧时间对高岭土白度的影响表(见表6-6)。

(2) 根据原料和产物的 X-射线衍射分析及扫描电镜分析结果,分析煅烧条件对矿物物相转变和提高矿物化学反应活性的影响。

(3) 绘制 850℃ 下的煅烧时间-白度图及 2.0 h 下的煅烧温度-白度图,分析煅烧条件对产物白度的影响。

(4) 编写实验报告。

表6-5 高岭土非晶化温度分析表

原料产地:　　　　　　入料粒度范围:　　　　　　煅烧设备:

序号	煅烧温度 /℃	煅烧时间 h	X-射线衍射分析结果		扫描电镜分析结果	
			原料	产物	原料	产物
1	500	1				
2	550	1				
3	600	1				
4	650	1				
5	700	1				
6	750	1				
7	800	1				
8	850	1				
9	900	1				
10	950	1				

实验人员:　　　　　　日期:　　　　　　指导教师签字:

表 6 - 6 不同的煅烧温度、煅烧时间对高岭土白度的影响表

原料产地： 入料粒度范围： 煅烧设备：

时间 /h＼温度 /℃	700	750	800	850	900	950	1 000
0.5							
1.0							
1.5							
2.0							
2.5							
3.0							

实验人员： 日期： 指导教师签字：

七、思考题

(1) 试述矿物煅烧在矿物加工工程中的意义。

(2) 说明不同矿物煅烧热分解温度及其对矿物煅烧工程实践的意义。

(3) 矿物煅烧过程中的影响因素及其规律有哪些?

6.4 黏土-水系统 ζ 电位测定

一、实验目的

(1) 了解固体颗粒表面带电原因,表面电位大小与颗粒分散特性、胶体物系稳定性之间的关系。

(2) 了解黏土粒子的荷电性,观察黏土胶粒的电泳现象。

(3) 掌握通过测定电泳速率来测量黏土-水系统 ζ 电位的方法,进一步熟悉 ζ 电位与黏土-水系统各种性质的关系。

二、基本原理

ζ 电位是固-液界面电位中的一种,其值的大小与固体表面带电机理、带电量的多少密切相关,直接影响固体微粒的分散特性、胶体物系的稳定性。对于陶瓷泥浆系统而言,当 ζ 电位高时,泥浆的稳定性好,流动性、成型性能也好。

在非金属矿加工与硅酸盐工业中经常遇到泥浆、泥料系统。泥浆与泥料均属于黏土-水系统。它是一种多相分散物系,其中黏土为分散相,水为分散介质。由于黏土颗粒表面带有电荷,在适量电解质作用下,泥浆具有胶体溶液的稳定特性。但因泥浆粒度分布范围很宽,就构成了黏土-水系统胶体化学性质的复杂性。

固体颗粒表面由于摩擦、吸附、电离、同晶取代、表面断键、表面质点位移等原因而带电。带电量的多少与发生在固体颗粒和周围介质接触界面上的界面行为、颗粒的分散与团聚等性质密切相关。当带电的固体颗粒分散于液相介质中时,在固-液界面上会出现扩散双电层,有

可能形成胶体物系,而ζ电位的大小与胶体物系的诸多性质密切相关。固体颗粒表面的带电机理,表面电位的形成机理及控制等是现代材料科学关注的焦点之一。

根据胶体溶液的扩散双电层理论,胶团结构由中心的胶核与外围的吸附层和扩散层构成。胶核表面与分散介质(即本体溶液)的电位差为热力学电位差。吸附层表面与分散介质之间的电位差即ζ电位,如图6-9所示。

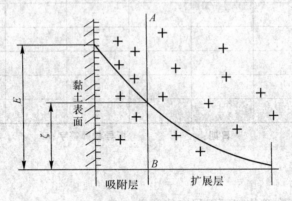

图6-9 ζ电位和胶团结构示意图

带电胶粒在直流电场中会发生定向移动,这种现象称为电泳。根据胶粒移动的方向可以判断胶粒带电的正负,根据电泳速度的快慢,可以计算胶体物系的ζ电位的大小。进而通过调整电解质的种类及含量,就可以改变ζ电位的大小,从而达到控制工艺过程的目的。

DPW—1型微电泳仪测量ζ电位的原理如图6-10所示。

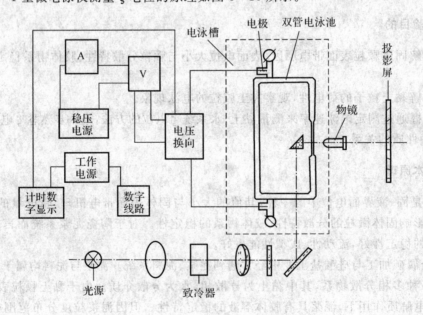

图6-10 DPW—1型微电泳仪原理方框图

胶体分散相在直流电场作用下定向迁移。胶粒通过光学放大系统将其运动情况投影到投影屏上。通过测量胶粒泳动一定距离所需要的时间,计算出电泳速率。依据赫姆霍茨方程即

可计算出 ζ 电位。

$$\zeta = 300^2 \times \frac{4\pi\eta\upsilon}{\varepsilon E} \qquad\qquad (6-10)$$

式中　η——黏度；

　　　ε——介电常数，它们都是温度的函数；

　　　υ——电泳速率；

　　　E——电位梯度（其值等于电极两端电压 U 除以电泳池的长度 L）。

根据欧姆定律：

$$E = U/L = IR/L = i/(\lambda_0 A) \qquad\qquad (6-11)$$

式中　R——电阻，$R = \rho L/A$；

　　　A——电泳池测量管截面积；

　　　λ_0——$\lambda_0 = 1/\rho$ 为电导率；

　　　i——通过电泳池测量管的电流，其值可以通过电流表读得的电流值 I 乘以因子 $1/f$ 得到，即 $i = I/f$。因此，$E = I/(f\lambda_0 A)$。

将 E 代入赫姆霍茨方程，可得

$$\zeta = (300^2 \times 4\pi\eta/\varepsilon) \times (fA) \times \upsilon\lambda_0/I \qquad\qquad (6-12)$$

令 $C = 300^2 \times 4\pi\eta/\varepsilon$（其值是一个与温度有关的常数，见表 6-7）；$B = fA$（其值是取决于电泳池结构的仪器常数，标于仪器上），则有

$$\zeta = C\upsilon\lambda_0 B/I \qquad\qquad (6-13)$$

考虑到 $C \sim T$（C 值 ~ 温度）对应关系中物理量单位以及仪器常数中有关单位的限制，式 (6-13) 中各物理量的单位：υ 为 $\mu m/s$；λ_0 为 $\Omega^{-1} \cdot cm^{-1}$；$\zeta$ 为 mV。

三、实验设备及材料

(1) DPW—1 型微电泳仪（也可用 BDL—B 型表面电位粒径仪测试）1 台。

(2) DDS—Ⅱ型电导率仪 1 台。

(3) 托盘天平 1 台。

(4) 玻璃杯，玻璃研钵，温度计，pH 试纸等。

(5) 氯化钠溶液（0.1 mol·L⁻¹）1 瓶，氢氧化钠溶液（0.01 mol·L⁻¹）1 瓶，蒸馏水若干，黏土试样 1 瓶。

四、实验步骤与操作技术

1. 样品制备

称取 0.2 g 黏土试样，置于研钵内研磨 5 min 后放入玻璃烧杯内，加入氯化钠水溶液至 250 mL，再加入氢氧化钠溶液调节 pH 值为 8。

2. 电导率（λ_0）及温度测量

接通电导率仪电源，把电极置于盛有胶体溶液的烧杯内，将测量-校正开关置于校正位置，转动调节旋钮使表头指针达到满刻度。然后把测量-校正开关置于测量位置，调节倍率旋钮使表头有明显的读数，电导率值由表头读数乘以倍率而得。测量完毕取出电极置于盛有蒸馏水的烧杯内，关掉电导率仪电源。在测量电导率的同时，将温度计置于胶体溶液内读取温度并查

表6-7,得出 C 值。

表6-7 不同温度下的 C 值(分散介质为水溶液)

温度 $T/℃$	C 值	温度 $T/℃$	C 值	温度 $T/℃$	C 值
0	22.99	16	15.36	32	11.40
1	22.34	17	15.04	33	11.22
2	21.70	18	14.72	34	11.04
3	21.11	19	14.42	35	10.87
4	20.54	20	14.13	36	10.70
5	20.00	21	13.86	37	10.54
6	19.49	22	13.56	38	10.39
7	18.98	23	13.33	39	10.24
8	18.50	24	13.09	40	10.09
9	18.05	25	12.85	41	9.93
10	17.61	26	12.62	42	9.82
11	16.79	27	12.40	43	9.68
12	16.42	28	12.18	44	9.55
13	16.20	29	11.88	45	9.43
14	16.05	30	11.78	46	9.31
15	15.70	31	11.48	47	9.19

3.测量电泳速率

(1)清洗电泳池。

(2)注入胶体溶液:注入时应缓慢,避免产生涡流或气泡。若不加电场时胶粒在水平方向有运动,表明电泳池内有气泡,通过反复抽动可消除气泡。

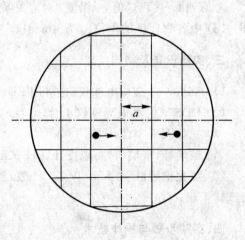

(3)测量电泳速率:电压调节至200 V左右。按复零开关,选择投影屏中心线附近的胶粒,按正向或反向开关使胶粒对准一根垂直线。按正计开关(此时右端电极为正极),胶粒运动一个格子(100 μm)后,按反计开关,使胶粒返回出发点。再按正计开关,如此反复,使胶粒在一个格子间往返5次(见图6-11)。则胶粒运动距离为

图6-11 胶粒在投影屏上往返运动示意图

$(10×100)$ μm,记录所用时间,计算出电泳速度。重新选择胶粒,重复上述步骤,共测5~6个胶粒,计算平均值。

(4)记录电流值。按下正向开关,选择适当的倍率,记录电流值 I。

(5)记录仪器常数 B 值。

(6)抽出胶体溶液,用蒸馏水清洗电泳池,最后注入蒸馏水保护电极。

五、数据记录与处理

(1) 将各种数据进行整理,记录入实验数据表(见表 6 - 8)中。
(2) 根据实验结果,用公式(6 - 13)计算 ζ 电位。
(3) 编写实验报告。

表 6 - 8 实验数据表

胶粒编号	C 值	B 值	电流值 I / mA	平均时间 / s	平均速度 / μm/s	电位 / mV	胶粒电性
1							
2							
3							
4							
5							
⋮							

实验人员: 　　　　日期: 　　　　指导教师签字:

六、思考题

(1) 影响电泳速率的因素有哪些?
(2) 影响 ζ - C 电位的因素有哪些?
(3) 黏土带什么电荷? 它会带相反的电荷吗? 为什么?
(4) 简述矿物的水化作用及其双电层电位在矿物加工工程中的意义和应用。

6.5 矿物超细粉体的化学合成

一、实验目的

(1) 了解用共沉淀法制备固体超细粉末的基本原理。
(2) 学习共沉淀法制备固体超细粉末的实验操作技术与方法。

二、基本原理

近代发展起来的特种矿物材料,如高性能的功能陶瓷和新型玻璃,要求原料有很高的纯度和超细的粒度,因此,大多采用化工原料来人工合成粉体。由于其需要较高的投入,增加了粉体的成本,所以只用于生产高性能的功能材料方面。

纯氧化锆的烧结体晶型是不稳定的,在升温过程中,1 140℃ 会发生单斜相-四方相的转变,同时产生 7% 的体积收缩;在 1 400℃ 时发生四方相-立方相的转变;降温时又会发生反方向的相变。如果在氧化锆中掺入足够的氧化钇、氧化钙或氧化镁,可以使氧化锆在室温时也能保持稳定的立方相结构,晶型不再随温度变化,称为全稳定的氧化锆(FSZ)。

同时,由于掺入的低价金属离子(Ca^{2+},Mg^{2+},Y^{3+})进入氧化锆晶格后,产生了大量的氧离子空位,所以,氧化锆在高温(大于550℃)时,允许氧离子通过氧离子空位迁移,形成氧离子导体。如果原料很纯净(特别是没有变价的金属离子杂质),可以得到电子导电很低的氧离子导体,用于制作高温传感器(气体中的氧传感器)。

为了制作测定钢液中氧含量的传感器,要求氧化锆固体电解质管状元件($\Phi5$ mm × 1 mm ×35 mm)具有很好的抗热冲击能力,在突然插入1 700℃钢液的情况下,不允许产生裂纹。这时,需要采用部分稳定的氧化锆材料。

减少氧化锆中稳定剂的含量,可以得到部分稳定的氧化锆(PSZ)。常温下,部分稳定的氧化锆烧结体中,3种晶型(单斜、四方和立方)混合存在,使升温过程中元件的热膨胀,可以被单斜相-四方相转变时的体积收缩所抵消(如果单斜相的比例合适时)。如果原料粉末很细小,烧结体中的晶粒也很细小,微小的单斜晶粒可以在低一些的温度(600 ~ 1 000℃)时提前、逐步地发生相转变,大大地减缓了热冲击带来的热应力。并且,微细的四方相晶粒(小于0.2 μm)才能在室温下存在,有助于提高材料的韧性。另外,当烧结后相变时产生的微裂纹,也有助于阻止裂纹扩展的作用;烧结体晶粒很细小,使得元件强度得到了提高。这些因素都有利于提高元件的抗热冲击能力。

为了控制三相比例,除了严格控制烧结、热处理制度外,还必须准确地控制氧化锆中稳定剂(MgO)的含量;另外,要求粉末粒度很细小,并且不允许带入杂质。因此,采用共沉淀法制备氧化镁部分稳定的氧化锆(MgO - PSZ)超细粉末。

氧氯化锆($ZrOCl_2 \cdot 8H_2O$)不溶于酸和碱。因此,可以用酸来提纯(除去铁离子等杂质)。提纯后,将氧氯化锆溶于水,过滤,除去灰尘、氧化硅等杂质;按需要的成分配入氧化镁,形成锆、镁的混合盐溶液。加入过量的氨水,形成氢氧化锆和氢氧化镁均匀混合的细小颗粒沉淀物。

$$ZrCl + NH_4OH \longrightarrow Zr(OH)_4 \downarrow + NH_4Cl$$
$$MgCl_2 + NH_4OH \longrightarrow Mg(OH)_2 \downarrow + NH_4Cl$$

因为氢氧化镁比较容易溶于水,所以必须保持较高的碱性($pH > 10$),不使氢氧化镁流失。过滤后,用$pH > 10$的氨水淋洗沉淀物,除去多余的氯化铵;沉淀物中加入分散剂(高分子溶剂如:正丁醇、聚乙二醇等);避免在热分解时粉体结团。

沉淀物烘干后,在加热分解过程中,低温时首先脱水,然后是剩余的氯化铵分解,最后是锆、镁氧化物的生成。

$$NH_4Cl \longrightarrow NH_3 \uparrow + HCl \uparrow$$
$$Zr(OH)_4 \longrightarrow ZrO_2 + 2H_2O \uparrow$$
$$Mg(OH)_2 \longrightarrow MgO + H_2O \uparrow$$

氧化镁部分稳定的氧化锆超细粉体的制备过程如下:① 称取原料;② 加水溶解;③ 过滤固体杂质;④ 加入稳定剂氧化镁;⑤ 加入氨水共沉淀;⑥ 沉淀物水洗($pH > 10$);⑦ 加入分散剂;⑧ 干燥;⑨ 热分解。整个工艺流程很长,其中 ⑦ ~ ⑨ 操作本实验不做。

三、实验设备及材料

(1) 真空泵、布氏漏斗。

(2) 马弗炉。

（3）真空干燥箱。

（4）电动搅拌器、三口烧瓶（1 000 mL）。

（5）氧氯化锆（$ZrOCl_2 \cdot 8H_2O$）（分析纯）、氧化镁（分析纯）、氨水（1∶15）。

四、实验步骤与操作技术

（1）取 500 g 氯氧化锆，置于 1 000 mL 的容器中；加入 360 mL 蒸馏水，搅拌，使之澄清。

（2）抽滤，除去固体杂质。

1）洗净布氏漏斗和抽滤用的锥形瓶，垫好湿滤纸，缓慢倒入澄清的氯氧化锆溶液，用真空泵抽滤，抽干后，用少许蒸馏水（约 20 mL）淋洗布氏漏斗。

2）为得到含氧化镁质量分数为 2.2% 的氧化锆，计算需加入氧化镁的质量；按 500 g 氯氧化锆中含有的氧化锆的质量（按分子量计算，也可以用实验的方法测定单位体积溶液中的氧化锆含量，按溶液的质量分数和体积来计算）。

（3）加入氧化镁，搅拌，溶解。

（4）共沉淀。

1）缓慢加入 300 mL 氨水，同时不停地搅拌，不使沉淀结团，可补质量分数到 400 mL 氨水，直到沉淀完全，并将被沉淀包裹的水放出，可将搅拌澄清的清液取出少量，在清液中加入氨水后，不再产生沉淀，表明沉淀完全。

2）在布氏漏斗中再垫滤布和滤纸，将沉淀物倒入布氏漏斗内，接通水流泵，抽滤；滤干后，用氨水溶液（1∶15）淋洗 3 次，每次 50 mL。

3）为进一步除去氯化铵，将滤饼倒在 2 000 mL 容器中，加入 300 mL 氨水溶液浸泡，搅拌澄清后，倒掉清液，再次抽滤除水。

（5）化学分析，测定沉淀物中镁的含量。计算相应的氧化锆中氧化镁的含量。

（6）干燥。

1）将滤饼中加入分散剂，搅匀。

2）蒸馏，干燥沉淀物、回收分散剂。

（7）热分解。

1）将干燥的沉淀物盛在氧化铝坩埚中，放在马弗炉内；升温至 480℃，保温 1 h，将剩余的氯化铵分解、排除；再升温至 600℃，保温 1 h，使氢氧化物分解完全。

2）冷却后，得到氧化镁部分稳定的氧化锆超细粉末。称其质量，计算氧化锆的收得率。

五、实验报告要求

（1）实验目的、实验原理、实验操作步骤。

（2）加入氧化镁量的计算过程；氧化镁收得率，氧化锆收得率。

（3）实验时观察到的现象及体会，对实验改进的意见。

六、思考题

（1）用何方法制备陶瓷细粉和超细粉末？

（2）制备超细粉体对材料性能有何影响？

第7章 选煤实验研究方法实验

7.1 煤粉的粒度组成分析

一、实验目的

（1）了解该煤样的粒度组成及灰分（硫分）分布情况，估计煤泥粒度组成对浮选指标的影响。

（2）掌握按《GB—T19093—2003煤粉筛分试验方法》进行煤泥小筛分实验的方法。

二、实验要求

（1）用0.5,0.25,0.125,0.075 mm标准筛对煤样进行筛析，要求将两份（每份100.0 g，空气干燥状态）煤泥小筛分试样，分别按《GB—T19093—2003煤粉筛分试验方法》小筛分实验方法进行重复实验。检查两次实验获得的同粒级产物的质量误差，在两份筛分试样筛分前后总质量都没有相差很多的条件下，将同粒级产物合计，分别准备各粒级化验样，并列表整理实验结果，必要时绘制粒度特性曲线。

（2）要求认真执行每一细节的操作，并总结本次实验影响筛分精确度的因素有哪些？提高筛分精确度的措施又有哪些？注意观察记录筛分操作过程中发生的现象。

三、实验注意事项

（1）按《GB—T19093—2003煤粉筛分试验方法》规定进行操作。

（2）筛分前应检查煤样的质量，及是否为风干状态；筛孔、筛序、筛网是否合乎规定；筛网有无漏损或异物堵塞；工作场地和器具是否清洁。

（3）湿筛时，应尽量节省用水。先在大盆中放入500 cm³水润湿0.075 mm筛的筛网，然后将100 g煤样和200 cm³水加入400 cm³的烧杯中搅拌湿润，把上面悬浮的细粒到入筛子进行湿筛，如此反复往烧杯中加水（每次约150 cm³），淘洗的细粒倾入筛子湿筛。待淘洗基本干净时（约5～6次）再向烧杯中加水将煤样全部冲洗到筛面上湿筛，并另加清水湿筛，直至筛下水清为止，将筛上物冲洗到贴好标签的容器中，所有湿筛筛下水合并贴好标签。

（4）过滤烘干。湿筛筛上物和筛下物分别澄清过滤，过滤产物和筛子（应注明组号）一同送去烘干。

（5）干筛检查筛分终点，应有检查记录。

（6）实验组织工作：每个实验组分成两个小组，每组三人作一个筛分煤样。由于湿干法筛分中间需烘干时间，一般上午用一节课进行湿法筛分，过滤，借中午时间烘干。下午用两节课进行干法筛分。由于两组共用一套设备，故两组必须前后错开一节课进实验室工作。

四、数据记录与处理

按本实验的目的和要求,参照《GB—T19093—2003 煤粉筛分试验方法》小筛分实验方法,整理分析实验结果并将数据记入煤粉筛分实验结果表(见表 7-1)。

表 7-1　煤粉筛分实验结果表

煤样质量:＿＿＿＿＿ g　　　　　　　　　煤样灰分 A_d:＿＿＿＿＿ %

粒级 /mm	质量 /g	产率 /(%)	灰分 A_d/(%)	累计 /(%)	
				产率 r/(%)	灰分 A_d/(%)
≥0.5					
0.5~0.25					
0.25~0.125					
0.125~0.075					
<0.075					
合　计					

实验人员:　　　　　　日期:　　　　　　指导教师签字:

7.2　浮选操作练习实验

一、实验目的

(1) 为了保证浮选实验的准确性和精度,特安排本次实验。本次实验将进一步熟悉浮选实验操作,如药剂添加、刮泡、刮泡深度、矿浆液面高度的保持、添加清水量等,以提高实验者的操作水平。

(2) 在掌握浮选实验操作的基础上,重新做实验,为后面的实验提供可比性实验结果。

二、实验条件

(1) 水质:蒸馏水或离子交换水。

(2) 矿浆温度:$(20\pm10)℃$。

(3) 矿浆质量浓度:$(100\pm1)g/L$。

(4) 药剂及其单位消耗量:煤油$(1\,000\pm10)g/t$;仲辛醇$(100\pm1)g/t$。

(5) 浮选机叶轮转速:1 800 r/min。

(6) 浮选机叶轮直径:60 mm。

(7) 浮选机充气量:$0.25\ m^3/(m^2\cdot min)$。

三、实验步骤与操作技术

(1) 调试浮选机,使转速、充气量达到规定值。

(2) 称量计算好的煤样(精确至 0.1 g)。实验煤样质量按下式计算:

$$m = \frac{150 \times 100}{100 - W_{ad}} \qquad (7-1)$$

式中　m——实验煤样质量，g；

　　　W_{ad}——煤样全水分，%。

（3）用取样器抽取药剂。加入药剂的体积按下式计算：

$$V = \frac{150q}{106\rho} \qquad (7-2)$$

式中　V——加入药剂的体积数，mL；

　　　q——药剂单位消耗量，g/t；

　　　ρ——药剂密度，煤油 0.78 g/cm³；仲辛醇为 0.81 g/cm³。

（4）向浮选机内先加入约 1 300 mL 容积的水，关闭进气阀门，启动浮选机。慢慢加入称好的煤样，搅拌至煤全部润湿后，再加入清水，使矿浆液面达到规定标线，矿浆净体积约为 1.5 L。启动计时器。

（5）预搅拌 2 min 后，向矿浆液面下加入预先量好体积的捕收剂。调浆搅拌 1 min 后，再向矿浆液面下加入预先量好体积的起泡剂。

（6）10 s 后，打开进气阀门，同时以 30 次/min 的速度，沿浮选槽整个泡沫生成面，按一定的刮泡深度刮泡 3 min，泡沫产物集中于一个器皿中。要控制补水速度，使整个刮泡期间矿浆液面保持恒定。刮泡阶段后期，应用洗瓶将黏在浮选槽壁上的颗粒清洗至矿浆中。

（7）3 min 后停止补水，关闭浮选机及进气阀门，把尾煤排放至专门容器内。黏在浮选槽壁上的颗粒要清洗至尾煤容器中。黏在刮板及浮选槽唇边的颗粒应清洗至精煤产物中。向浮选槽加入清水，并启动浮选机搅拌清洗直至浮选槽干净为止。

（8）各道浮选工序操作时间要严格按照上述规定执行，误差不超过 2 s。

（9）精煤和尾煤分别脱水，置于不超过 75℃ 的恒温干燥箱中进行干燥，冷却至空气干燥状态后，分别称量、测定灰分，必要时（当浮选入料硫分超过 1% 时）测定硫分。

（10）重复实验 1 次。

四、数据记录与处理

（1）将所得实验结果分别记录于浮选实验结果表（见表 7-2）中。以精煤和尾煤质量之和作为 100%，分别计算其产率。

（2）精煤和尾煤质量之和（即计算入料质量）与实际浮选入料质量相比，其损失率不得超过 2%。

（3）浮选入料的加权平均灰分与化验灰分之差应符合下列规定：

1）当煤样灰分小于 20% 时，相对误差不得超过 ±5%；

2）当煤样灰分大于或等于 20% 时，绝对误差不得超过 ±1%。

（4）两次平行实验的精煤产率允许误差应不超过 1.6%。精煤灰分允许误差：当精煤灰分小于或等于 10% 时，绝对误差应小于或等于 0.4%；当精煤灰分大于 10% 时，绝对误差应小于或等于 0.5%。

表 7 - 2　浮选实验结果表

样品名称：_____　　　　采样日期：_____　　　　实验日期：_____

产物名称	第一次实验结果				第二次实验结果				综合结果		
	质量 g	产率 %	灰分 %	硫分 %	质量 g	产率 %	灰分 %	硫分 %	产率 %	灰分 %	硫分 %
入料											
精煤											
尾煤											
计算入料											

实验人员：　　　　　　　　日期：　　　　　　指导教师签字：

7.3　浮选的探索性实验

一、实验目的

(1) 通过探索性实验，了解该煤泥的浮选行为、浮选过程变化的大致规律。

(2) 找出大致适宜的用药范围，以此确定下面的浮选实验计划。

(3) 进一步熟悉实验操作方法。

二、实验步骤与操作技术

(1) 根据本实验所用浮选机容积(1.5 L)和现场一般采用的浮选质量浓度 100 g/L(直接浮选入料 50 g/L)计算实验用煤样质量，考虑到方便称样，确定煤样质量为 150 g(75 g)。以 150 g(75 g)煤样折算每次加药体积和实际用药量。

(2) 用小批量分段加药、分批刮泡，并观察记录浮选现象，探索性实验程序操作参照标准浮选实验步骤。

(3) 实验工作组织。本次做两个探索实验：① 煤油-仲辛醇用量探索实验，这是对照样本；② ××捕收剂，××起泡剂用量探索实验。通过对比得到 ×× 捕收剂或 ×× 起泡剂的工艺性质方面的概念。本实验约需 4 学时(不包括制样)，一般说来制样和浮选操作的工作量约为 1∶1。实验组应根据整个实验工作的需要全面考虑，妥善分工。

三、数据记录与处理

(1) 简述实验过程，用表列出实验条件、现象及产物分析结果。

(2) 对实验结果和现象进行分析。

(3) 确定出条件实验考查的项目内容,并大体上提出实验任务规定的产物方案的意见,编写实验报告。

7.4 分步释放实验

一、实验目的

(1) 通过分步释放实验建立评定煤泥(粉)的可浮性及浮选效果的依据。
(2) 掌握分步释放实验方法。

二、实验设备及材料

(1) 浮选机:槽体容积 1.5 L,叶轮直径为 60 mm。
(2) 计时装置:量程为 0～10 min,精度为 1 s。
(3) 微量注射器:容量为 0.25 mL,分度值为 0.01 mL。
(4) 微量进样器:容量为 0.025 mL,分度值为 0.000 5 mL。
(5) 天平:最大称量为 500 g,感量为 0.1 g。
(6) 恒温干燥箱:温度范围为 50～200℃。
(7) 捕收剂:煤油,密度为 0.78 kg/L。
(8) 起泡剂:仲辛醇,密度为 0.81 kg/L。

三、实验步骤与操作技术

1. 实验条件
(1) 实验用水:自来水。
(2) 煤浆温度:(20±1)℃。
(3) 煤浆质量浓度:(100±1)g/L。
(4) 药剂消耗量:煤油为(1 000±10)g/t,仲辛醇为(100±1)g/t。
(5) 浮选机叶轮转速:(1 800±10)r/min。
(6) 刮泡器转速:80 r/min;
(7) 浮选机充气量:(0.15±0.012 5)m³/(m² · min)。

2. 实验步骤
(1) 称量取样 150 g(精确至 0.1 g)。
(2) 用微量注射器吸取煤油 0.2 mL,用微量进样器吸取仲辛醇 0.018 5 mL。
(3) 向浮选槽内加水 1 500 mL,启动并调试浮选机,使转速、充气量达到规定值,停机后关闭进气阀门,放空浮选槽内的水。
(4) 向浮选槽内加水 1 300 mL,启动浮选机后向浮选槽内加入煤样,待搅拌至煤样全部润湿后,再加水,使煤浆液面达到规定标线,煤浆净体积约为 1.5 L。
(5) 预先搅拌 2 min 后,向煤浆液面下加入煤油;再搅拌 1 min 后再向煤浆液面下加入仲辛醇。
(6) 搅拌 10 s 后,打开进气阀门同时启动刮泡器,进行粗选,刮泡 3 min,将泡沫产物集中于一个器皿中,在刮泡期间应控制补水量以保持煤浆液面恒定。刮泡后期用洗瓶将黏在浮选槽壁上的颗粒清洗至煤浆中。

(7) 刮泡 3 min 后停止补水,关闭浮选机及进气阀门,把尾煤排放至专门容器内(编号为产物 6)。黏在浮选槽底的颗粒应清洗至浮选尾煤产物中,黏在刮泡板及浮选槽唇边颗粒应清洗至精煤产物中。向浮选槽加水并启动浮选机搅拌清洗直至浮选槽干净为止。

(8) 尾煤经澄清(必要时可加适量絮凝剂加速沉淀)脱水后,置于不超过 75℃ 恒温干燥箱中进行干燥,冷却至空气干燥状态后,称量并测定灰分。当浮选入料全硫超过 1.5% 时,应测定全硫。

(9) 将泡沫产物全部倒入浮选槽内,进行第一次精选。加水使煤浆液面达到规定标线,启动浮选机搅拌 30 s 后,打开进气阀门并同时启动刮泡器,刮泡 3 min。

(10) 重复步骤(7)的操作,排出编号产物 5,并按步骤(8)处理产物 5。

(11) 重复步骤(9)和步骤(10),直到精选 4 次分出产物 4,3,2,1。

(12) 泡沫产物 1 脱水后,处理方法同步骤(8)。

(13) 当产物 1 的产率大于 50% 时,则另做精选 6 次的实验。

(14) 平行实验 2 次。

(15) 各产物的质量称准到 0.1 g,产率、灰分、硫分的数据取小数点后两位。

四、实验允许误差

(1) 实验质量损失(入料质量与产物 1~6 质量和之差)不得大于 6 g。

(2) 浮选入料灰分与产物 1~6 加权平均灰分允许误差应符合下列规定:

1) 当入料灰分小于或等于 20% 时,相对误差不得超过 5.0%。

2) 当入料灰分大于 20% 时,绝对误差不得超过 1.0%。

(3) 平行实验产物 1~5 累计产率的绝对差值不得超过 2.0%,平均灰分不得超过下列规定,否则实验无效。当产物 1~5 平均灰分小于或等于 10% 时,绝对差值不得超过 0.4%。当产物 1~5 平均灰分大于 10% 时,绝对差值不得超过 0.6%。

五、数据记录与处理

(1) 将符合实验允许误差条件规定的 6 次实验填入分步释放实验结果表(见表 7-3),并按加权法计算成综合结果(见表 7-4)。

(2) 用综合结果绘制分步释放曲线图(绘制方法与浮沉实验曲线相同)。

表 7-3　分步释放实验结果表

产物编号	第一次实验结果						第二次实验结果					
	质量 g	产率 %	灰分 %	累计产率 %	平均灰分 %	硫分 %	质量 g	产率 %	灰分 %	累计产率 %	平均灰分 %	硫分 %
1												
2												
3												

续 表

产物编号	第一次实验结果						第二次实验结果					
	质量 g	产率 %	灰分 %	累计产率 %	平均灰分 %	硫分 %	质量 g	产率 %	灰分 %	累计产率 %	平均灰分 %	硫分 %
4												
5												
6												
计算入料												

实验人员：　　　　　日期：　　　　　指导教师签字：

表 7 - 4　综合结果表

产物编号	1	2	3	4	5	6	计算入料
产率 /(%)							
灰分 /(%)							
累计产率 /(%)							
平均灰分 /(%)							
全硫 /(%)							

煤样名称：
采样日期：
煤样质量：
煤样灰分：
煤样全硫：
实验日期：

实验人员：　　　　　日期：　　　　　指导教师签字：

7.5　浮选药剂选择实验

一、实验目的

(1) 探求所选药剂的配方及单位消耗量。

(2) 初步掌握全面析因正交实验设计及方差分析方法。

二、实验步骤与操作技术

(1) 根据专业知识和探索性实验的结论,确定正交实验设计要考查的因素,各因素的变化范围及水平数,以及要考查的交互作用因子是什么(鉴于学时所限,本实验选用二因素三水平正交表并考查捕收剂和起泡剂的交互作用)。

(2) 药剂选择实验的固定条件:采用粗选浮选系统(一精煤一尾煤),矿浆质量浓度为 100 g/L,浮选槽容积为 1.5 L,叶轮转速为 1 800 r/min,充气量为 0.25 m^3/(m^2 · min)。矿浆预搅拌 2 min,与捕收剂接触 1 min,与起泡剂接触 10 s,浮选完为止。

建议药剂用量:捕收剂单位消耗量为 700,1 000,1 300 g/t;起泡剂单位消耗量为 70,100,130 g/t。

(3) 必要时测定泡沫产物质量浓度。

(4) 根据要考查的因子数和水平数,选取恰当的正交表(本实验选取 L9(3,4),安排实验点)。

(5) 选择判据:建议选用浮选精煤数量指数 η_{if} 和浮选完善指标 η_{wf} 作为浮选效果的判据。

(6) 操作步骤:参照标准浮选实验操作步骤,绘制本次实验的操作程序图。

三、数据记录与处理

(1) 可疑实验数据的判别(参照教材中的有关内容)。

(2) 浮选实验记录参考表 7 - 3,泡沫产物质量浓度(液固比)记录于浮选泡沫质量浓度测定记录表(见表 7 - 5)。

(3) 用所选用的正交表,对实验结果进行方差分析。

(4) 根据上述结果和专业知识,确定本次实验得到的最佳条件,并附必要的解释。

表 7 - 5　浮选泡沫质量浓度测定记录表

产物编号	盘号	盘质量 g	干燥前盘+样品质量 g	干燥后盘+样品质量 g	样品质量 g	水分 %	质量分数 %

实验人员:　　　　　　　日期:　　　　　　指导教师签字:

7.6　浮选条件选择实验

一、实验目的

(1) 在确定了药剂品种和单位消耗量的基础上,选择最佳的浮选条件;

(2) 掌握正交实验设计及其方差分析方法。

二、实验步骤与操作技术

(1) 在确定了药剂品种及其单位消耗量的基础上,建议进行下列条件实验(根据实际可增减实验条件及实验水平)。

1) 矿浆质量浓度:80,100,120 g/L。

2) 充气量:0.15,0.25,0.35 $m^3/(m^2 \cdot min)$。

3) 浮选机叶轮转速:1 600,1 800,2 000 r/min。

4) 捕收剂与矿浆接触时间:1,1.5,2 min。

(2) 选择评定标准。

建议:以精煤灰分相同时"分步释放浮选实验"的精煤产率为标准值,计算浮选煤精煤数

量指数 η_{if} 值和浮选完善指标 η_{wf} 值,作为评价浮选效率的判据。

浮选精煤数量指数:

$$\eta_{if} = \frac{\gamma_j}{\gamma_j'} \times 100\% \qquad (7-3)$$

式中　　γ_j ——浮选精煤实际产率,%;

　　　　γ_j' ——当精煤灰分相同时,标准浮选精煤产率,%。

浮选完善指标:

$$\eta_{wf} = \frac{\gamma_j}{100 - A_y} \frac{A_y - A_j}{A_j} \times 100\% \qquad (7-4)$$

式中　　A_j ——浮选精煤灰分,%;

　　　　A_y ——浮选入料灰分,%。

浮选完善指标是一个评价浮选效果的综合指标,同时考虑了浮选可燃体回收率和浮选质量指标。

(3)选择正交表,在表中安排因素及水平。考虑到实验设备及人力情况,本次实验建议采用 L9(3,4) 正交表安排实验(交互作用均不考虑)。

(4)实验步骤。根据标准实验操作步骤,确定操作步骤,绘制操作程序图。

三、数据记录与处理

(1)根据所选用的正交表进行方差分析。

(2)用直观分析作图法表示各因素对评价指标的影响。

(3)根据方差分析结果和直观分析结果,结合专业知识,确定本次实验得到的最佳条件组合并附必要的解释,将最佳参数及浮选结果填入最佳参数选择表(见表 7-6)和最佳浮选参数实验结果表(见表 7-7)。

表 7-6　最佳参数选择表

序　号	参数名称	单　位	数　量
1	捕收剂名称及消耗量	g/t	
2	起泡剂名称及消耗量	g/t	
3	矿浆质量浓度	g/L	
4	浮选机充气量	$m^3/(m^2 \cdot min)$	
5	浮选机叶轮转速	r/min	
6	矿浆与捕收剂接触时间	min	
7	加药方式		
8	浮选流程		

实验人员:　　　　　　　　日期:　　　　　　　　指导教师签字:

表 7 - 7　最佳浮选参数实验结果表

序号	名称	产率 /(%)	灰分 /(%)	硫分 /(%)
1	入料			
2	精煤			
3	中煤			
4	尾煤			

实验人员：　　　　　　　日期：　　　　　　指导教师签字：

7.7　浮选最佳条件的鉴定实验

一、实验目的

(1) 鉴定条件实验所找出的各因素水平的最优组合的可靠程度,确定最佳实验结果及其精度。

(2) 了解浮选过程中各阶段(分段刮)精选产物的质量以及浮选精煤质量的变化规律。

二、实验方法

按条件实验所确定的各因素水平的最佳组合,作为本次实验的条件,进行浮选速度实验,并进行重复实验。

三、数据记录与处理

(1) 简述浮选条件及过程。

(2) 以 2 次实验结果的平均值,记入最佳实验结果表(见表 7 - 8)。

(3) 绘制浮选速度曲线,表示 $\gamma = f(t)$,$A_k = f(t)$,要保证坐标分度的精确度。

表 7 - 8　最佳实验结果表

药剂制度		刮泡时间 /s	产物质量 /g	产物产率 $\gamma/(\%)$	产物灰分 $A/(\%)$	累　计		浮沉实验理论产率 $\gamma_j/(\%)$	数量效率 η
段数	用量					产率 $\sum\gamma/(\%)$	灰分 $A/(\%)$		
		K_1							
		K_2							
		K_3							
		K_4							
总计		$\sum K$							
		尾煤							
		$\sum$							

实验人员：　　　　　　　日期：　　　　　　指导教师签字：

四、分析实验结果

(1) 阐明最佳条件下,浮选各阶段产物的特点,根据要求的精煤灰分指标,确定浮选的有效时间。

(2) 根据实验结果,对实验条件进行评价或提出改进意见。

(3) 必要时,对产物进行分析,对某些问题进行探讨。

7.8 煤泥絮凝沉降实验

一、实验目的

(1) 通过本实验了解自然沉淀式煤泥浓缩澄清过程。

(2) 掌握实测与计算澄清水界面下沉速度的方法。

(3) 了解絮凝剂(聚丙烯酰胺)对澄清水的作用及其机理。

(4) 观察煤泥水的质量浓度及药剂的质量浓度对洗水澄清的影响。

二、实验设备及材料

(1) 煤泥(850 g)。

(2) 大量筒(500 mL)6 个,小量筒 1 个(10 mL)。

(3) 聚丙烯胺 0.15% 溶液 1 瓶。

(4) 日光灯 1 个。

(5) 秒表 1 个。

(6) 台秤 1 个。

三、实验步骤与操作技术

(1) 在 3 个 500 mL 量筒中,装入浮选尾煤配成质量浓度为 10,100,200 g/L 的煤泥水。

(2) 经充分搅拌后静置,再用 3 个量筒(500 mL)装入煤泥配成质量浓度为 100 g/L 的煤泥水,经充分搅拌后分别按 1,3,10 g/m³ 用量加入质量分子为 0.15% 的聚丙烯酰胺溶液。

(3) 经充分搅拌后静置,以上 6 个量筒从静置时刻开始记录时间,每隔一定时间(10 ~ 20 min,初期间隔短些,后期间隔可长些)记录澄清水层界面的下降距离。

四、数据记录与处理

(1) 以表格形式整理出实验结果。

(2) 以澄清界面下降的累积距离和相应的累积沉淀时间各组数值在坐标纸上作图,画出沉降曲线。

(3) 利用沉降曲线的直线部分求出各样品的澄清水界面下沉速度,以下沉速度为纵坐标,以聚丙烯酰胺的质量分数为横坐标作图。

(4) 对上述结果进行分析,并编写实验报告。

第8章 化学与生物分选实验

8.1 褐铁矿还原焙烧实验

一、实验目的

(1)了解褐铁矿焙烧的目的和基本原理。

(2)了解矿物原料还原焙烧的影响因素。

(3)熟悉还原焙烧装置的构造、工作原理和操作方法。

二、基本原理

焙烧实验一般是难选矿物化学处理的重要步骤,目的是矿石中某些组分在一定的气氛下加热到一定温度发生化学变化,为后续的物理选矿或浸出作业创造必要的条件,达到有用组分与无用组分分离的目的。焙烧实验包括还原焙烧、氯化焙烧、硫酸化焙烧、硫化焙烧和挥发焙烧等。

焙烧实验一般是在实验室型的焙烧炉中进行的。常用设备有管式炉、坩埚炉、马弗炉、实验室型竖炉、实验室型转炉和实验室型沸腾炉等。炉型的选择,一般根据实验要求的深度和矿石的性质(主要是粒度)决定。

影响焙烧效果最重要的因素:温度、气氛、粒度、时间、添加剂的种类和用量、空气过剩系数等。这些因素的控制与所采用的方法有关。

弱磁性铁矿石,在条件(如建厂地区的煤气供应、燃料供应、基本建设投资以及建厂规模等)许可时采用磁化焙烧-磁选法处理。特别对于嵌布粒度极细,矿石结构、构造较复杂的鲕状铁矿石,在目前条件下,磁化焙烧-磁选是较好的处理方法。可以获得 60% 以上的品位和 85% ~ 95% 以上的回收率。

根据焙烧气氛的不同,铁矿石的磁化焙烧可分为还原焙烧、中性焙烧(也称焙解或煅烧)和氧化焙烧。还原焙烧是在还原剂(C,CO 和 H_2 等)存在条件下把矿石加热到适当温度(550 ~750℃),此时褐铁矿被还原为磁铁矿。

褐铁矿是含水氧化铁矿石,是由其他矿石风化后生成的,在自然界中分布得最广泛,但矿床埋藏量大的并不多见。其化学式为 $nFe_2O_3 \cdot mH_2O(n=1 \sim 3, m=1 \sim 4)$。褐铁矿中绝大部分含铁矿物是以 $2Fe_2O_3 \cdot H_2O$ 形式存在的。一般褐铁矿石含铁量为 37% ~ 55%。褐铁矿的吸水性很强,一般都吸附着大量的水分,在焙烧或入高炉受热后去掉游离水和结晶水,矿石气孔率因而增加,大大改善了矿石的还原性。

还原焙烧实验主要考查还原剂的种类和用量,焙烧温度和时间。焙烧温度和焙烧时间是相互关联的一对因素。当焙烧温度低时,加热时间要长,还原反应速度慢,还原剂用量增加;当温度过低时,则不能保证焙烧矿的质量;当温度过高时,容易产生过还原,使焙烧矿磁性变弱。当试样还原时不仅与焙烧温度有关,还取决于试样粒度大小、矿石性质、还原剂成分等,因而必须通过实验考查确定焙烧条件。

当使用固体还原剂(煤粉、炭粉等)时,还原剂粒度一般小于试料粒度,如还原时间长,可粗些,反之则细些,但也不能太细,否则很快燃烧完,还原不充分。实验时,需将还原剂粉末同试样混匀后,直接装到瓷管或瓷舟中,送入管状电炉或马弗炉内进行焙烧。

对于还原焙烧矿质量检查,根据实验研究的任务不同,检查方法也不同。一般实验室焙烧实验可取样化学分析计算还原度,并做磁选管或磁选机单元实验进行检查。

计算还原度的方法如下:

$$R = \frac{W_{FeO}}{W_{T_{Fe}}} \times 100\% \tag{8-1}$$

式中　　R——还原度,%;

W_{FeO}——焙烧矿中 FeO 含量;

$W_{T_{Fe}}$——焙烧矿全铁含量。

在还原焙烧的情况下,当矿石中的 Fe_2O_3 全部还原为 Fe_3O_4 时,焙烧矿的磁性最强。由于 Fe_3O_4 是一个分子的 Fe_2O_3 与一个分子的 FeO 结合而成,故当全部还原时,矿石中的 Fe_2O_3 与 FeO 的分子数量相等,此时的还原度为

$$R = \frac{55.84 + 16}{55.84 \times 3} \times 100\% = 42.8\% \tag{8-2}$$

在理想还原焙烧的情况下,焙烧矿的还原度为 42.8%,这时还原焙烧效果最好。如果其值大于 42.8%,说明矿石过还原;如果小于 42.8%,说明矿石欠还原。无论是过还原还是欠还原,矿石的磁性均降低。实际上,由于矿石组成的复杂性和焙烧过程中矿石成分变化上的不均匀性,将导致用还原度表示焙烧矿的磁化焙烧效果并不很确切,最佳还原度也并不是任何情况下都等于或接近 42.8%。因此,还原度只能用作判断磁化焙烧效果的初步判据,最终还须直接根据焙烧矿的磁选效果判断。

三、实验设备及材料

(1)还原焙烧装置 1 套(见图 8-1)。

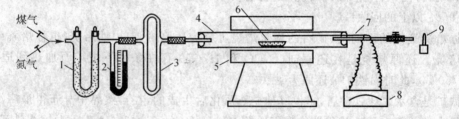

图 8-1　还原焙烧装置

1—氯化钙干燥管;2—压力计;3—气体流量计;4—反应瓷管;5—管状电炉;6—瓷舟;

7—热电偶;8—高温表;9—煤气灯

(2)高温马弗炉 1 台。

(3)褐铁矿,原料粒度为 2～0 mm,原料质量 50 g。

（4）反应气体煤气和保护气体氮气，焦炭（粒度＜1 mm）若干。

四、实验步骤与操作技术

1. 气体还原焙烧实验

（1）用分析天平称取褐铁矿原料质量 15 g，装在瓷舟中，同时可测 4～5 个样。

（2）将装好试样的瓷舟依次送入反应瓷管内，瓷管两端用插有玻璃管的胶塞塞紧，使一端作为煤气和氮气入口，另一端和煤气灯连接。

（3）往瓷管中通入氮气，驱除瓷管中的空气。

（4）焙烧炉接上电源对炉子进行预热，用变阻器或自动控温器控制炉温到规定的温度（如900℃），切断氮气，通入一定流量的煤气，开始记录还原时间。此时注意立即点燃煤气灯，以烧掉多余的煤气。

（5）焙烧过程中应控制炉温恒定，还原到所需时间（如 20 min）后，切断煤气，停止加热，改通氮气冷却到 200℃ 以下（或将瓷舟移入充氮的密封容器中，水淬冷却），取出焙烧矿，冷却至室温。如果没有氮气，可直接用水淬冷却试样。

（6）冷却后的焙烧矿粉，从容器中取出，烘干，取样，分析 T_{Fe} 和 FeO 以计算还原度，并可进行磁选管分选，用以判断焙烧效果。

（7）用磁选管和实验室型磁选机进行褐铁矿还原焙烧矿质量检查。方法见磁性分析和磁选实验有关部分。

2. 固体还原焙烧实验

（1）用分析天平称取褐铁矿原料质量 15 g，装在瓷舟中，然后加入 1 g 焦炭，混合均匀。

（2）将装好试样的瓷舟送入事先预热过的马弗炉内，分别在温度 800℃，900℃，1 000℃，1 100℃ 温度下焙烧 15 min。

（3）取出焙烧矿，用水淬冷却试样，冷却至室温。

（4）将冷却后的焙烧矿粉，从容器中取出，烘干，取样，分析 T_{Fe} 和 FeO 以计算还原度，并可进行磁选管分选，用以判断焙烧效果。

五、实验注意事项

（1）焙烧矿样必须放在炉内恒温区。
（2）热电偶热端应放在恒温区。
（3）经常检查瓷管，如果坏了漏气，必须马上更换。
（4）如果矿样含结晶水高，应先预热，去掉水分，使物料较疏松有利于还原。

六、数据记录与处理

（1）将磁化焙烧实验结果记录于褐铁矿还原焙烧实验结果记录表（见表 8-1）。
（2）对于固体还原焙烧，分别作出精矿产率-焙烧温度，铁品位-焙烧温度和铁回收率-焙烧温度曲线。
（3）编写实验报告。

表 8 - 1   褐铁矿还原焙烧实验结果记录表

焙烧温度：   焙烧时间：   煤气通入量（或焦炭加入量）：

实验序号	原矿			焙烧矿			磁选结果		
	T_{Fe}/(%)	FeO/(%)	FeO/T_{Fe}	T_{Fe}/(%)	FeO/(%)	FeO/T_{Fe}	精矿产率 %	品位 %	回收率 %
1									
2									
3									

实验人员：   日期：   指导教师签字：

七、思考题

(1) 分析两种矿物还原焙烧方法的优缺点。

(2) 举例说明焙烧处理在矿物加工领域的应用。

8.2   金矿石中金的浸出实验

一、实验目的

(1) 了解矿物浸出的原理和方法。

(2) 了解影响矿物浸出的因素和浸出实验方法。

二、基本原理

浸出是利用化学试剂选择性地溶解矿物原料中某些组分的工艺过程：有用组分进入溶液，杂质和脉石等不需浸出的组分留在渣中从而达到彼此分离。根据矿物原料的性质不同，可以预先焙烧而后浸出，也可以直接浸出。

根据试样的产品性质，确定浸出方案。浸出是依靠化学试剂与试样选择性地发生化合作用，使欲浸出的金属元素进入溶液中，而脉石等不需浸出的矿物留在残渣中，然后过滤洗涤，使溶液与滤渣分开，达到金属分离的目的。

在浸出中对不同性质的矿石或产品，必须选择不同化学试剂进行浸出。根据所选择的溶剂不同，浸出可分为水浸、酸浸（如盐酸、硫酸、硝酸等）、碱浸（如氢氧化钠、碳酸钠、硫化钠和氨）等。根据浸出压力不同，又可分为高压和常压浸出。例如以水溶性硫酸铜为主的氧化铜矿石采用常压水浸；以硅酸盐脉石为主的氧化铜矿石一般采用常压酸浸；以白云石等碳酸盐脉石为主的氧化铜矿石则采用高压氨浸。从浸出方式不同，又可分为渗滤浸出和搅拌浸出；渗滤浸出又可分为池浸、堆浸和就地浸等。渗滤浸出适用于浸出$(-100+0.075)$mm粒级的物料，被浸物料固定不动，浸出剂渗滤通过固定物料层完成浸出过程，一般仅用于某些特定的被浸物料，常采用间断作业的操作制度。搅拌浸出是将磨细的被浸物料与浸出剂在搅拌浸出槽中进行剧烈搅拌的条件下完成浸出过程的浸出方法，一般浸出前物料需磨至 0.3 mm 以下。搅拌浸出主要应用于浸出细粒和矿泥。

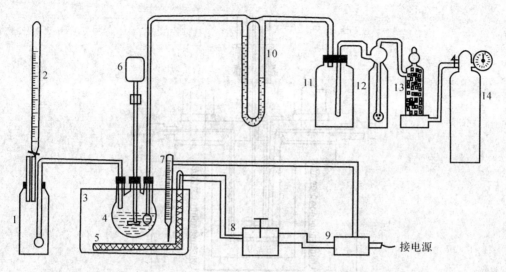

图 8-2　SO₂ 浸出小型实验设备连接示意图

1— 吸收瓶(内装 5%H₂O₂)；2— 碱滴定管；3— 玻璃水浴；4— 三口烧瓶；5— 加热器；6— 电动搅拌器；

7— 水银导电表；8— 调压变压器；9— 电子继电器；10— 毛细管流量计；11— 缓冲瓶；12— 气体洗瓶；

13— 气体干燥瓶；14— SO₂ 钢筒

SO_2 浸出小型实验设备连接示意图如图 8-2 所示。试样加入三口瓶中进行常压加温浸出。为使矿浆成悬浮状态，一般采用电动搅拌器进行搅拌。矿浆温度通过水银导电表、调压变压器、电子继电器的控制进行调节。二氧化硫的加入量可以用毛细管流量计测定，残存在废气中的二氧化硫可以通过滴定管测定，加入量减去废气中的排出量，就可得到二氧化硫与试样作用的实际耗用量。

　　实验室进行渗滤实验一般采用渗滤柱，渗滤柱用玻璃管或硬塑料管等做成。柱的粗细长短根据矿石量而定，处理量一般为 $0.5 \sim 2 \, kg$ 或更多。浸出装置由高位槽 1(装浸矿剂)、渗滤柱 2、收集瓶 3 所组成(见图 8-3)。浸出剂由高位槽以一定速度流下，通过柱内的矿石到收集瓶，当高位槽的浸矿剂全部渗滤完时，则为一次循环浸出。每批浸矿剂可以反复循环使用多次。每更换一次浸矿剂称为一个浸出周期。浸出结束时用水洗涤矿柱，然后将矿烘干，称其质量，化验。知道了原矿和浸出液中的金属含量，就可算出金属浸出率，并可根据浸渣的含量进行校核。

　　高压浸出设备是指在高于实验室环境下的大气压力下进行浸出，由几个大气压至几十个大气压。一般是在 $1 \sim 2 \, L$ 机械搅拌式电加热高压釜(见图 8-4)中进行。将试剂溶液和浸出试料同时加入釜中，上好釜盖后，调节至必要的空气压力，开始升温，至比实验温度低 $10 \sim 15 \, ℃$ 时开始搅拌，到达实验温度后，开始保持恒温浸出，待达到预定的浸出时间后，停止加热搅拌，降至要求的温度，开釜取出矿浆。

图 8-3　渗滤浸出实验装置

1— 高位槽；2— 渗滤柱；

3— 收集瓶；4— 螺旋夹；

5— 滤纸层；6— 玻璃丝

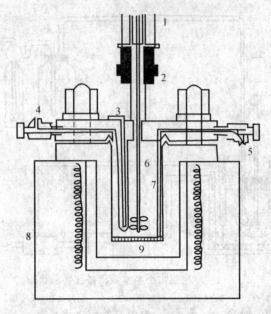

图 8-4　高压釜简图

1—磁性搅拌器；2—冷却器；3—温度计；4—进气阀；
5—取样阀；6—搅拌棒；7—取样管；8—电炉；9—试样

三、实验条件的选择

1. 试样的采取和加工

在实验室条件下浸出试样粒度一般要求小于 0.25 mm，常加工至 -0.15 mm。

2. 试剂种类和用量

一般原则是所选试剂对试料中需要浸出的有用矿物具有选择性作用，而与脉石等不需浸出的矿物基本上不起作用，实践中一般对以酸性为主的硅酸盐或硅铝酸盐脉石采用酸浸，以碱性为主的碳酸盐脉石采用碱浸。试剂用量是根据需要浸出的金属量，按化学反应平衡方程式计算理论用量，而实际用量均超过理论用量。

3. 矿浆温度

矿浆温度对加速试剂与试料的反应速度，缩短浸出时间都具有重要影响。常压加温温度一般控制在 95℃ 以下，当要求浸出温度超过 100℃ 时，一般是在高压釜中进行浸出，才能维持所需要的矿浆温度。为了有利于工人操作，在保证浸出率高的条件下，希望温度越低越好。

4. 浸出压力

高压浸出实验均在高压釜中进行，加压目的是加速试剂经脉石矿物的气孔与裂隙扩散速度，以提高欲须浸出的金属元素与试剂的反应速度。在某些情况（例如浸出硫化铜与氧化铜的混合铜矿石）下，为了借助压缩空气中的氧分压氧化某些硫化矿物也需加压。一般高压浸出速度较快，浸出率较高。

5. 浸出时间

浸出时间与浸出容器容积大小直接相关，在保证浸出率高的前提下希望浸出时间短。

6. 搅拌速度

搅拌的目的是使矿浆呈悬浮状态,促进溶剂与试料的反应速度。有时还有促进空气在矿浆中的溶解作用。实验中搅拌速度变化范围是 $100 \sim 500$ r/min,一般为 $150 \sim 300$ r/min。

7. 矿浆液固比

液固比大小直接关系到试剂用量、浸出时间和设备容积等问题。液固比大,试剂用量大,浸出时间长,浸出设备容积大,因此在不影响浸出率的条件下,应尽可能减小液固比,但液固比太小,不利于矿浆输送、澄清和洗涤。实验一般控制液固比为 $4:1 \sim 6:1$(体积比),常为 $4:1$。

四、实验设备及材料

(1) 搅拌浸出装置:塑料瓶($1\,000$ mL),电动搅拌器,温度计。

(2) 球磨机,分级筛,天平(感量 0.1 g)。

(3) 金矿石,CaO(分析级),氰化钠溶液,蒸馏水。

五、实验步骤与操作技术

(1) 选取浸取条件:氰化钠的质量分数为 0.1%,液固比为 $2:1$(质量比),添加石灰(CaO)2 kg/t,搅拌速度为 360 r/min。

(2) 取 3 份试样,每份试样的质量为 200 g,分别磨至 $-300\ \mu m$、$-150\ \mu m$ 和 $-75\ \mu m$。

(3) 将磨好的试样分别装入塑料瓶,各自加 0.4 g CaO,400 mL 蒸馏水,加入氰化钠试剂使得氰化钠的质量分数为 0.1%,放在搅拌器上搅拌 24 h,搅拌时应将瓶盖打开,让其自然充气。

(4) 实验结束后,矿浆过滤,使含金溶液与尾矿分离。

(5) 用移液管分别取两份各 10 mL 的溶液试样,测出剩余氰化物和 CaO 的质量分数,计算它们的消耗量,另取出 200 mL 含金溶液用锌粉沉淀法求出金的含量。

(6) 浸出尾矿加工后取样进行含金量分析。

(7) 知道了金在溶液和尾矿中的含量,便可计算金的回收率,分析矿物粒度与矿物浸出率的关系。以此便可确定磨矿细度。因为磨矿费用高,在保证回收率的前提下,磨矿细度应尽可能粗。

(8) 仿照上述实验方法,可对其他因素进行实验,最终找出最佳组合条件。

六、数据记录与处理

(1) 记录和分析实验数据,为考查浸出效果,浸出液中的金属含量以单位 g/L 表示,滤渣含量以百分数表示,以此算出的浸出率,以百分数表示。

(2) 浸出实验是用浸出率和金属含量(以 g/L 表示)两个指标表示反映。实验结果以图、表的形式表示出,例如作出浸出率-矿物粒度关系图。

(3) 说明尾矿中金含量的分析方法,完成实验报告。

七、思考题

(1) 矿物浸出技术在矿物加工领域的应用现状如何?常用的矿物浸出方法有哪些?

（2）金矿石中金的浸出化学反应原理是什么？浸出液中金的分离又是怎样的？

（3）从矿物浸出液中回收提取有用金属的常见方法有哪些？

8.3　矿物粉体表面化学包覆改性

一、实验目的

（1）掌握矿物粉体性质、改性药剂、应用基质材料之间的关系及其影响规律；进一步熟悉矿物粉体改性理论。

（2）了解高速搅拌机和反应釜的构造、工作原理及操作方法。

（3）了解矿物粉体改性的顺序和方法及有机包覆的方法。

（4）熟悉设备操作、粉料加入、药剂加入方式等实验方法。

二、基本原理

表面化学包覆改性是一种利用表面化学的方法，即有机物分子中的官能团在物料粒子（填料或颜料）表面的吸附或化学反应对颗粒表面进行局部包覆，使颗粒表面有机化而达到表面改性的方法。这种方法还包括利用游离基反应、螯合反应、溶胶吸附以及偶联剂处理等进行表面改性。

表面化学方法改性常用的改性剂主要有偶联剂、高级脂肪酸及其盐、不饱和有机酸和有机硅等。偶联剂是最常用的表面改性剂，按照化学结构分为硅烷类、钛酸酯类、锆类和有机络合物等类型。高级脂肪酸及其盐是最早使用的表面改性剂，特别适用于表面含金属活性粒子的矿物。近年来，国内又合成出铝酸酯偶联剂及其有机铝、磷、硼等化合物，使用效果良好。偶联剂等改性剂对表面进行改性主要有预处理法和整体掺和法两种途径。

表面化学包覆改性一般在高速加热混合机或捏合机、流态化床、研磨机等设备中进行。这是因为矿物粉体的表面处理大多是在粉体物料中加入少量表面改性剂溶液进行的操作。如果在溶液中进行表面改性处理（如浸渍）也可以在反应釜或反应罐中进行。处理完后再进行脱水干燥。此外还可采用所谓"流体磨"对矿物粉体进行表面改性处理。

硅烷偶联剂在无机填料表面的作用包括化学键、氢键和物理吸附作用。首先是硅烷偶联剂接触空气中的水分而发生水解反应，然后与无机填料表面的羟基形成氢键，再通过加热干燥发生脱水反应形成部分共价键，最终结果是无机填料表面被硅烷所覆盖，如图8-5所示。

钛酸酯偶联剂具有独特的结构，可用通式$(RO)_m Ti—(OX—R'—Y)_n$表示。R是短碳链的烷基，$(RO)_m$是偶联剂和物料表面相结合的基团，m是该基团数（一般$1 \leqslant m \leqslant 4$）。如图8-6所示表示单烷氧基型钛酸酯偶联剂通过单烷氧基和物料表面的烃基发生化学反应，偶联到填料表面，形成包围矿粒的单分子层，达到物料表面改性的目的，同时释放出异丙醇。

三、实验设备及材料

（1）GLH—10 L高速搅拌机，多联电动搅拌器。

（2）10,20,30 mL注射器各3支，大小毛刷各1个。

（3）500 mL烧杯10个，敞口料盘10个（容积能盛装3 kg粉体，约10 L）。

（4）矿物粉体（1 250，800 或 400 目）：重质碳酸钙、轻质碳酸钙、高岭土、滑石、千枚岩等。

（5）有机包覆药剂：硅烷类偶联剂，钛酸酯偶联剂，其他表面活性剂。

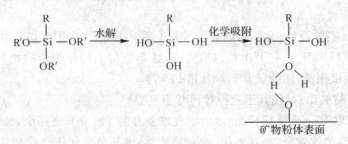

图 8-5　硅烷偶联剂改性机理

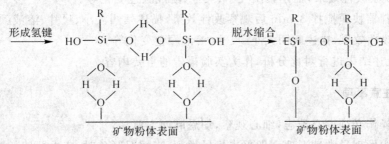

图 8-6　钛酸酯偶联剂改性机理

四、实验步骤与操作技术

（1）进入实验室，首先按要求做好记录，认真填好实验记录常数项部分（室温、试验人员姓名等）；在 500 mL 烧杯中加水约 200 mL 备用。

（2）熟悉高速搅拌机：首先紧固（顺时针旋转）注油杯，确保润滑油正常；手工盘车（注意只准一人作业，严禁两人以上同时作业，防止挤手事故），检查设备确保运转无障碍，关闭出料口，确保锁紧。

（3）准确称取矿物粉体 3 kg，倒入高速搅拌机中，再次检查设备确保运转灵活、无障碍。

（4）设定温度值；启动设备，同时记录实验开始温度及时间；用注射器抽取设计的药剂量（每种药剂专用）备用。

(5) 按规定(或实验设计),当温度指示达到预定温度时,用注射器按要求依次加入药剂,同时记录温度及时间,直至加药完毕。当加药时,注意防止物料喷出,防止物料及药剂进入肉眼。

(6) 按规定(实验设计;全部药剂加入 5 min 后)停车后(一定要切断电源),将敞口料盘置于高速搅拌机排料口下方,打开出料口出料,边盘车边用毛刷仔细清扫物料(此时高速搅拌机中物料及机身温度很高,防止烫伤),确保清扫干净。

(7) 改性产品放出后,使其迅速搅拌冷却至室温。

(8) 准确称取 10 g 改性后样品,放入事先准备好的 500 mL 烧杯中,加水至 400 mL 处,用玻璃棒搅动,观察改性效果,描述絮团大小、尺寸、溶液颜色变化等。

(9) 用搅拌器快速搅拌 3 min 后观察改性效果,描述絮团大小、尺寸、溶液颜色变化等;静置 24 h,观察改性效果,描述絮团大小、尺寸、溶液颜色变化等。

(10) 对上述结果进行对比分析,作为实验报告的重要内容。

五、实验注意事项

(1) 实验操作必须专心致志,细心观察,切忌麻痹大意。

(2) 实验中发现异常情况要立即报告指导教师,当情况紧急时,应立即切断总电源。

六、数据记录与处理

(1) 将实验数据记录在粉体矿物改性实验记录表(见表 8-2)中。

(2) 进行实验分析,将实验数据、结果用表格形式列出,并写出结论。

(3) 用流程图表示矿物粉体改性的方法和过程。

(4) 实验体会和讨论。

表 8-2 粉体矿物改性实验记录表

实验编号:　　　　　室温:　　℃

实验条件	矿物粉体性质: 矿物粉体加入量: 药剂制度:						
序号		1	2	3	4	5	6
改性剂加入量	绝对量 /g						
	相对量 /(%)						
改性条件	时间 /min						
	温度 /℃						
改性状况							

实验人员:　　　　　　　　日期:　　　　　指导教师签字:

七、思考题

(1) 矿物粉体宏观、微观性质及其表面性质。

（2）矿物粉体性质、改性药剂、应用基质材料之间的关系及其影响规律。

（3）矿物粉体改性原理及其实施中的问题。

8.4　氧化亚铁硫杆菌的生理研究

一、实验目的

（1）了解氧化亚铁硫杆菌（T.f）的特性。

（2）掌握 T.f 菌生长曲线测定的方法。

（3）T.f 菌氧化生理研究。

二、基本原理

氧化亚铁硫杆菌（Thiobacillus ferrooxidans，简称 T.f 菌）是一种革兰氏阴性菌，具有化能自养、好气、嗜酸、适于中温环境等特性。其能源物质为 Fe^{2+} 和还原态硫，实际上可氧化 Fe^{2+}、元素硫与几乎所有的硫化矿物，能有效地分解黄铁矿。它栖居于含硫温泉、硫和硫化矿矿床、煤和含金矿床，也存在硫化矿矿床氧化带中，能在上述矿的矿坑水中存活。它适宜生长的温度为 $275 \sim 313\ K$，pH 值为 $1.0 \sim 4.8$，最佳生长温度为 $303\ K$，最佳生长 pH 值为 $2.0 \sim 3.0$。

T.f 菌利用环境中无机物的氧化获取生长繁殖所需的能量。通过氧化磷酸化作用，T.f 菌从 2 价铁（液相游离态或结晶状态）获得电子，将 2 价铁氧化为 3 价铁离子，所得电子经一系列传递过程合成能量货币 ATP，最后将电子传递给 O_2。宏观反应可表示为

$$2H^+ + 2Fe^{2+} + \frac{1}{2}O_2 \longrightarrow 2Fe^{3+} + H_2O$$

T.f 菌能够浸出矿物中的有价金属，人们利用这一现象已开始应用于矿业冶金，并提出了细菌浸出的直接作用和间接作用机理。直接作用指附着细菌直接催化矿物氧化分解，从中直接得到能源和其他矿物质营养元素。间接作用指依靠细菌的代谢产物——硫酸亚铁——的氧化作用，细菌间接地从矿物中获得生长所需的能源和基质。具体来说，直接作用和间接作用发生如下化学反应。

直接作用：

$$MS + 2O_2 \longrightarrow M^{2+} + SO_4^{2-}$$

间接作用：

$$4Fe^{2+} + 4H^+ + O_2 \longrightarrow 4Fe^{3+} + 2H_2O$$

$$MS + 2Fe^{3+} \longrightarrow M^{2+} + 2Fe^{2+} + S$$

$$2S + 3O_2 + 2H_2O \longrightarrow 2H_2SO_4$$

在此过程中 T.f 菌充当催化剂的角色。酸性环境中无催化剂条件下，空气氧化 Fe^{2+} 进行得很慢。T.f 菌的参与可使反应速度提高 $10^5 \sim 10^6$ 倍。

亚铁滴定测定法：亚铁测定用重铬酸钾标准滴定法，样品用量 2 mL，移入 20 mL 的硫磷酰强酸性溶液中，然后用 1.755 g/L 的重铬酸钾溶液进行滴定，也可视样品中亚铁浓度将滴定药剂进行稀释后再进行滴定，前者滴定 1 mL 即相当于含有亚铁 0.002 g，后者则再除以稀释倍数；指示剂为 0.2% 的二苯胺硫酸钠，当变为紫色时即为终点；硫磷酰配比为 150 mL 浓硫

酸:150 mL 浓磷酸:700 mL 蒸馏水。

pH 值的测定:用 pH 计。

微生物的生长繁殖过程,按其繁殖速度的快慢和活性大小,可以分成 4 个时期,即生长缓慢期、对数生长期、稳定生长期和衰亡期。

当细菌由一个环境转移到一个新的环境时,细菌的生长繁殖速度很慢,细菌也不活跃,出现一个逐步适应的缓慢生长期。

细菌对环境的适应,开始进入对数生长期。这个时期细菌生长非常活跃,以对数增长的速度繁殖,此时细胞数目大量增加,对数生长期的曲线斜率就是细菌生长率 μ:

$$\mu = \frac{1}{n}\frac{\mathrm{d}n}{\mathrm{d}t} = \frac{\mathrm{d}(\lg n)}{\mathrm{d}t} \tag{8-3}$$

式中　　n——细菌浓度,个/mL;

　　　　t——培养时间,d 或 h。

这个时期细菌也死亡,但新增加的细菌数目远超过死亡的细菌数。

在对数生长期之后,细菌进入稳定生长期,此时细菌死亡数目和新生数目大致相等,总的细菌数维持恒定。最后一个时期,细菌开始大量死亡,细菌总数目急剧减少,进入衰亡期。

三、实验设备及材料

(1) 主要实验设备:烧杯(1 000 mL,500 mL),三角瓶(若干),药匙,电子天平,玻璃棒,电炉,pH 计,2 mL 移液管,摇床,洗瓶,酸性滴定管,小烧杯(10 mL),血细胞计数板,显微镜,盖玻片,无菌毛细滴管。

(2) 实验药品及试剂:$(NH_4)_2SO_4$,KCl,K_2HPO_4,$MgSO_4 \cdot 7H_2O$,$Ca(NO_3)_2$,1:1H_2SO_4 溶液,蒸馏水,$FeSO_4 \cdot 7H_2O$,硫磷酰强酸性溶液(强硫酸150 mL + 强磷酸150 mL + 蒸馏水700 mL),1.755 g/L 的重铬酸钾溶液,0.2% 的二苯胺硫酸钠。

(3) 菌种:氧化亚铁硫杆菌(T. f 菌)。

四、实验步骤与操作技术

1. 培养基的配置

$(NH_4)_2SO_4$,3.0g/L;KCl,1.0g/L;K_2HPO_4,0.5g/L;$MgSO_4 \cdot 7H_2O$,0.5g/L;$Ca(NO_3)_2$,0.01g/L;按此配方加蒸馏水配溶液 1 000 mL,用 1:1H_2SO_4 调 pH 约 2.5。

2. 接种

向 250 mL 三角瓶内加入 100 mL 培养基,121℃ 灭菌 20 min,冷却后加入 $FeSO_4 \cdot 7H_2O$ 质量浓度为 44.7 g/L,接种。接种量为 5%(体积比),于(28±2)℃,150 r/min 恒温振荡器培养。

3. 亚铁氧化率测定

每隔 6 h 取培养液 2 mL,加入 20 mL 硫磷酸和 5~8 滴二苯胺硫酸钠指示剂,然后用重铬酸钾溶液滴定。当指示剂变为紫色即为终点。记录下滴定 mL 数,每 mL 相当于 0.002 g 亚铁。

4. 生长曲线测定

每隔 4 h 取培养液 5 mL 加入试管,加草酸铵结晶紫 1 mL,混匀用血球计数器显微镜下计

数蓝色活菌数,重复 6 次,具体步骤如下:

(1)菌悬液制备:以无菌生理盐水将酿酒酵母制成浓度适当的菌悬液。

(2)镜检计数:在加样前,先对计数板的计数室进行镜检。若有污物,则需清洗,吹干后才能进行计数。

(3)加样品:将清洁干燥的血细胞计数板盖上盖玻片,再用无菌的毛细滴管将摇匀的酿酒酵母菌悬液由盖玻片边缘滴一小滴,让菌液沿缝隙靠毛细渗透作用自动进入计数室,一般计数室均能充满菌液。取样时先要摇匀菌液;加样时计数室不可有气泡产生。

(4)显微镜计数:加样后静止 5 min,然后将血细胞计数板置于显微镜载物台上,先用低倍镜找到计数室所在位置,然后换成高倍镜进行计数。调节显微镜光线的强弱适当,对于用反光镜采光的显微镜还要注意光线不要偏向一边,否则视野中不易看清楚计数室方格线,或只见竖线或只见横线。在计数前若发现菌液太浓或太稀,需重新调节稀释度后再计数。一般样品稀释度要求每小格内约有 5 ~ 10 个菌体为宜。每个计数室选 5 个中格(可选 4 个角和中央的一个中格)中的菌体进行计数。位于格线上的菌体一般只数上方和右边线上的。如遇酵母出芽,芽体大小达到母细胞的一半时,即作为两个菌体计数。计数一个样品要从两个计数室中计得的平均数值来计算样品的含菌量。

(5)清洗血细胞计数板:使用完毕后,将血细胞计数板在水龙头上用水冲洗干净,切勿用硬物洗刷,洗完后自行晾干或用吹风机吹干。镜检,观察每小格内是否有残留菌体或其他沉淀物。若不干净,则必须重复洗涤至干净为止。

五、数据记录与处理

(1)将实验数据记录在亚铁氧化速率测定数据表(见表 8-3)和直接计数法测得的细菌数表(见表 8-4)中。

(2)绘制 T.f 菌氧化亚铁的速率曲线。

(3)绘制 T.f 菌的生长曲线。

(4)编写实验报告。

表 8-3　亚铁氧化速率测定数据表

时间 h	重铬酸钾溶液体积 mL	Fe^{2+} 质量 g	溶液体积 mL	Fe^{2+} 质量浓度 g/L	Fe^{3+} 质量浓度 g/L
12					
18					
24					
30					
36					
42					
48					
54					
60					

表 8 - 4　直接计数法测得的细菌数表

时间 /h	细菌数 / 个	细菌数取对数 lg	时间 /h	细菌数 / 个	细菌数取对数 lg
4			20		
8			24		
12			28		
16			32		

实验人员：　　　　　　　日期：　　　　　　指导教师签字：

六、思考题

(1) 简述目前国内外生物选矿研究现状。

(2) 在矿物加工领域目前主要应用到的菌种有哪几类？

第9章 洁净煤技术实验

9.1 煤矸石淋溶浸出毒性鉴别实验

一、实验目的

(1)加深对煤系共伴生废弃物的综合治理及利用,加强保护环境的意识。

(2)了解原子吸收分光光度法原理及测定废弃物浸出毒性的方法。

二、基本原理

煤矸石是煤矿生产过程中产生的废渣,一般都是露天堆放,常年风吹日晒,雨水冲刷,风化分解,从而产生大量粉尘、酸性水,并携带有重金属的离子水,污染大气、地面水源或下渗损害地下水质。

煤矸石在自然水体的淋溶和冲洗过程中,将有害元素浸溶出来并污染环境。测定浸出液中铜、铅、镉、铬、镍、砷、汞、钴等有害元素的含量。从而判断出粉煤灰、煤矸石等废渣及其制品因有害元素的浸出是否会给环境带来不利影响。

浸出毒性是指固态的危险废物遇水浸沥,其中有害的物质迁移转化,污染环境。浸出的有害物质的毒性称为浸出毒性。生产、生活过程所产生的固态危险废物的浸出毒性鉴别方法,是通过在实验室条件下用蒸馏水在特定条件下对危险废物进行浸取,并分析浸出液的毒性来测定危险废物浸出毒性。

煤矸石中汞、砷、铅、镉、铬、铜等有害物质及其化合物遇水通过浸沥作用,迁移转化到水溶液中。

延长接触时间,采用水平振荡器等强化可溶性物质的浸出,测定强化条件下浸出的有害物质浓度可以表征危险废物的浸出毒性。

原子吸收光谱分析是基于从光源中辐射出的待测元素的特征光波通过样品的原子蒸气时,被蒸气中待测元素的基态原子所吸收,使通过的光波强度减弱,根据光波强度减弱的程度,可以求出样品中待测元素的含量。

利用锐线光源在低浓度的条件下,基态原子蒸气对共振线的吸收符合朗伯-比尔定律,即

$$A = \lg \frac{I_0}{I} = KLN_0 \tag{9-1}$$

式中 A——吸光度;

     I_0——入射光强度;

     I——经原子蒸气吸收后的透射光强度;

     K——吸光系数;

L——辐射光穿过原子蒸气的光程长度；

N_0——基态原子密度。

当试样原子化,火焰的热力学温度低于 3 000 K 时,可以认为原子蒸气中基态原子的数目实际上接近原子总数。在固定的实验条件下,原子总数与试样浓度 c 的比例是恒定的,则等式(9-1)可记为

$$A = K'c \qquad\qquad (9-2)$$

式(9-2)就是原子吸收分光光度法定量分析的基本关系式。常用标准曲线法、标准加入法进行定量分析。

三、实验设备及材料

(1) 2 L 广口聚乙烯瓶 2 个。

(2) 破碎机、烘箱各 1 台。

(3) 电子天平(精度:0.01 g)1 台。

(4) 双层回旋振荡器 1 台。

(5) 原子吸收分光光度计 1 台。

(6) Cd,Cr,Cu,Ni,Pb,As 和 Zn 空心阴极灯。

(7) 漏斗、漏斗架若干。

(8) 1 000 mL 量筒 1 支。

(9) 0.45 μm 微孔滤膜若干。

(10) pH 计 1 台。

(11) 煤矸石渣若干,氢氧化钠,浓盐酸。

四、实验步骤与操作技术

(1) 将不少于 30 kg 的煤矸石样,用小锤或破碎机破碎至 2 mm 以下,混匀、缩分至 5 kg。在 105℃ 干燥 24 h,装瓶作为试样。

(2) 取固体废物煤矸石试样 100 g(干基)试样放入 2 L 有盖广口聚乙烯瓶中。

(3) 将蒸馏水用氢氧化钠或盐酸调 pH 值至 5.8～6.3,取 1 L 加入前述聚乙烯瓶中。

(4) 盖紧瓶盖后固定于水平振荡器上,室温下振荡 8 h((110±10)r/min,单向振幅 20 mm)。

(5) 取下广口瓶静置 16 h。

(6) 用 0.45 μm 微孔滤膜抽滤(0.035 MPa 真空度),收集全部滤液即浸出液,供分析用。

(7) 用原子吸收火焰分光光度法测定浸出液的 Cd,Cr,Cu,Ni,Pb,As 和 Zn 浓度。

(8) 取一个 2 L 广口聚乙烯瓶,按照步骤(2)～(6)同时操作,做空白试验。

(9) 记录分析结果并分析整理。

五、数据记录与处理

(1) 实验数据可记录于浸出毒性测定结果表(见表 9-1)。

(2) 评述本实验方法和实验结果。

(3) 以双因素实验设计法拟定一个测定不同浸取时间的实验方案。

（4）完成实验报告。

表 9 - 1　浸出毒性测定结果表

项　目	Cd	As	Cu	Pb	Zn	Cr	Ni
空白质量浓度 /（mg/L）							
样本质量浓度 /（mg/L）							

实验人员：　　　　　日期：　　　　　指导教师签字：

六、思考题

（1）分析哪些因素会影响煤矸石中重金属离子的浸出浓度。
（2）分析现实生产中煤矸石淋滤液对土壤和水体的影响。

9.2　煤泥热解条件实验

一、实验目的

（1）了解选煤煤泥热解的概念和热解的基本原理。
（2）了解矿物热解加工设备的构造与操作。

二、基本原理

煤泥水是选煤过程中产生的废水，含有大量细粒煤泥，其特点：① 悬浮物浓度高；② 水分高，一般在 $40\%\sim50\%$；③ 颗粒粒度小，粒径在 $0\sim0.5$ mm；④ 颗粒密度小；⑤ 颗粒表面带有较强的负电；⑥ 灰分高。

整体看来，煤泥水的性质与水煤浆的性质非常相近。正因为如此，国内外广泛进行煤泥水的气化和焚烧利用。但是，焚烧需要进行煤泥水的深度脱水，一方面成本相对较高；另一方面，焚烧通常需要在过剩空气存在的情况下进行，烟气和粉尘量相应较多，造成的污染相对较大，热损失也较严重。煤泥水脱水过滤，热解加工是有效进行煤泥水能源化利用的新技术。

热解是将煤泥水过滤并在缺氧条件下进行热化学反应的过程，热解过程中主要发生如下反应。

（1）碳与水蒸气的基本反应，即在一定温度下，碳与水蒸气间发生的水煤气反应：

$$C + H_2O \longrightarrow CO + H_2$$
$$C + H_2O \longrightarrow CO_2 + 2H_2$$

和水煤气平衡反应：

$$CO + 2H_2O \longrightarrow CO_2 + H_2$$

（2）甲烷生成反应。产气中的甲烷大部分来自于原料挥发物的热裂解，少部分是碳和产气中的氢等反应生成：

$$C + 2H_2 \longrightarrow CH_4$$
$$CO + 3H_2 \longrightarrow CH_4 + H_2O$$
$$CO_2 + 4H_2 \longrightarrow CH_4 + 2H_2O$$

$$2CO + 2H_2 \longrightarrow CH_4 + CO_2$$
$$2C + 2H_2O \longrightarrow CH_4 + CO_2$$

(3) 碳热裂解反应可由下式说明：

$$煤泥水 \longrightarrow H_2 + CH_4 + CO, CO_2, C_2H_4, C_3H_6 + 气体烃 + 焦油 + 焦渣$$

此外,煤泥水中还含有少量元素氮(N)和硫(S),它们与产气中的 H_2 等气体反应,生成氮化物和硫化物。

三、实验设备及材料

1. 实验装置

热解实验装置如图 9-1 所示。主要由控制柜、热解炉和气体净化收集系统 3 部分组成。

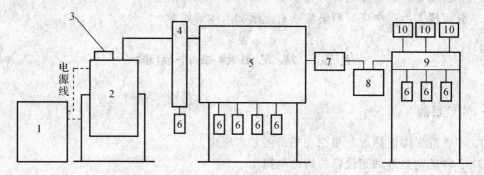

图 9-1　热解实验装置

1— 控制柜；2— 固定床热解炉；3— 投料口；4— 旋风分离器；5— 冷凝器；6— 焦油收集瓶；
7— 过滤器；8— 煤气表；9— 取样装置；10— 气体收集瓶

热解炉可选取卧式或立式电炉,要求炉管能耐受 800℃ 高温,炉膛密闭。

气体净化收集系统要求密闭性好,有一定气体腐蚀耐受能力。它由以下几部分构成:旋风分离器、冷凝器、过滤器、煤气表。

2. 实验材料与仪器仪表

(1) 实验材料为选煤厂煤泥水,也可以选取普通混合收集的有机城市生活垃圾、纸张、秸秆等与其共混热解。

(2) 过滤机 1 台。

(3) 烘箱 1 台。

(4) 漏斗、漏斗架若干。

(5) 1 000 mL 量筒 1 支。

(6) 破碎机 1 台。

(7) 电子天平 1 台。

四、实验步骤与操作技术

(1) 对煤泥水进行真空过滤,称取滤饼 2 kg,共混热解时,对混入物料采用破碎机或者其他破碎方法破碎至粒度小于 1 mm,称取若干量与煤泥充分混合。

(2) 从顶部投料口将炉料装入热解炉。

（3）接通电源，升高炉温，升温速度为 $25℃/min$，将炉温升到 $500℃$。

（4）恒温，并每隔 15 min 记录产气流量数据，总共记录 8 h。

（5）收集气体进行气相色谱分析。

（6）测定收集焦油的量。

（7）测定热解后固体残渣的质量。

（8）温度分别升高到 $600℃$，$700℃$，$800℃$，$900℃$，$1\,000℃$ 重复实验步骤（1）～（7）。

五、实验注意事项

（1）不同原料产气率会有很大差别，应根据实际情况适当调整记录气体流量的时间间隔。

（2）气体必须安全收集，避免煤气中毒。

六、数据记录与处理

（1）记录实验设备基本参数，包括热解炉功率、旋风分离器的型号、风量、总高、公称直径等，气体流量计的量程，最小刻度。

（2）记录反应床初始温度，升温时间。

（3）将实验数据记入不同终温下产气量记录表（见表 9-2）和不同终温下焦油、焦渣产量记录表（见表 9-3）。

（4）作图。分析产气量同热解时间的关系，根据实验数据作图，纵坐标为产气量，横坐标为热解时间。

（5）分析不同终温对产气率的影响。

（6）如果能测定气体成分，分析不同终温对气体产物成分的影响。

（7）作图。分析焦油产量同热解温度的关系，根据实验数据作图，纵坐标为焦油产量，横坐标为热解终温。

表 9-2　不同终温下产气量记录表（产气量 /(cm³ · h⁻¹)（标准状态））

热解炉功率：_____　　　气体流量计量程：_____

最小刻度：_____　　　旋风分离器型号：_____

风量：_____　　　总高：_____　　　公称直径：_____

实验序号		1	2	3	4	5	6
产气量 /(m³ · h⁻¹)　恒温后时间	终止温度 /℃	500	600	700	800	900	1 000
15 min							
30 min							
⋮							
8 h							

表 9 – 3　不同终温下焦油、焦渣产量记录表

实验序号	1	2	3	4	5	6
终止温度 /℃	500	600	700	800	900	1 000
焦油产量 /g						
焦渣产量 /g						

实验人员：　　　　　　日期：　　　　　　指导教师签字：

七、思考题

（1）阐述煤低温热解和高温热解的区别。

（2）阐述目前选煤煤泥加工利用现状。

第 10 章 粉体工程实验

10.1 物料易磨性测定

一、实验目的

(1) 加深理解物料易磨性指数的概念及在科研与生产中的应用。

(2) 掌握 Hardgrove 指数法的测定原理及方法。

二、基本原理

物料的易磨性指数(Grindability Index,GI)是指,被粉磨物料易磨程度的实用物性值。一般情况下,仅采用固体材料的强度和硬度还难以表述粉碎的难易程度,因为粉碎过程除取决于材料的物性之外,还受许多未知的影响因素所支配,如粒度、粉碎设备和工艺等。因此,引用易磨性指数这一概念来概括考虑粉碎过程中许多变数,以判断物料在某种特定的粉碎条件下的粉碎状态,以此作为相对值反映出物料粉磨的易磨程度。

易磨性指数常用测试方法有两种:Hardgrove 指数法和 Bond 功指数法,它们都定量地表征了将物料粉磨到某一粒度的难易程度或所需要消耗的能量。其中,Hardgrove 指数法测定较为简单,实用性较高。本实验即是采用该方法测定物料的易磨性指数。

Hardgrove 指数的测定是通过环球磨具实现的,环球磨具有特定的结构,其测试过程:8 只直径为 2.45 mm(1 英寸)的钢球,在顶转圆环和底座固定环腔之间的环形滚道内滚动,顶转圆环加载 29 kg(64 磅)负荷,加入预先经 30 ~ 16 目(1 190 ~ 590 μm)筛筛分过的物料 50 g,顶转圆环回转 60 圈后,测定 200 目(74 μm)筛的通过(筛下)物料质量 m(单位:g),则 Hardgrove 指数(GI)为

$$GI = 13 + 6.93m \qquad (10-1)$$

GI 值越大,物料的易磨性越好。

三、实验设备及材料

(1) Hardgrove 指数测定装置。

(2) 量程为 100 g,感量为 0.1 mg 的天平 1 台。

(3) 200 目标准分样筛 1 只。

(4) 小刷 1 个。

四、实验步骤与操作技术

(1) 制备好粒度为 30 ~ 16 目的被测物料 120 g 备用。

(2) 使用量程为 100 g,感量为 0.1 mg 的天平,将预先经 30 ～ 16 目筛筛分过的物料称量 2 份,每份 50 g。

(3) 小心地取下环球磨上部顶转圆环的配重(配重质量 29 kg,请特别注意安全),旋开快开螺母,将环球磨上盖连同顶转圆环一起取下。

(4) 将 50 g 物料全部倒入固定环腔的环形滚道内,沿环形滚道均匀散布,然后将上盖连同顶转圆环一起装到环球磨上,并旋紧快开螺母。

(5) 同样小心地将配重加载到环球磨上部顶转圆环上,注意放置要匀称、稳定。

(6) 均匀地转动顶转圆环上的拨杆,回转 60 圈后停止回转。

(7) 按步骤(3)取下环球磨上盖及顶转圆环,将固定环腔中的物料全部仔细取出收集(对不易倒出的物料可用小刷轻轻刷出)。

(8) 用 200 目筛筛分所收集的物料,得 200 目的筛上物料和筛下物料。

(9) 将筛上物料和筛下物料分别用量程为 100 g,感量为 0.1 mg 的天平称量相应的质量并填入 Hardgrove 指数测定结果表(见表 10 - 1)。

注意:若筛上物料和筛下物料质量之和少于 50 g,则筛下物料质量 m 取:

$$m = 50 - \text{筛上物料质量}$$

1) 重复上述步骤,连续测定 2 次,得筛下物料质量 m 填入表 10 - 1 中;

2) 最后根据筛下物料质量 m 的平均值,按 Hardgrove 指数(GI) 计算式:$GI = 13 + 6.93m$ 计算 GI 值,并填入表 10 - 1 中。

五、数据记录与处理

表 10 - 1　Hardgrove 指数测定结果表

物料名称		
16 ～ 30 目物料质量 /g	50	
测量次序	1	2
筛上物料质量 /g		
筛下物料质量 /g		
筛下物料质量 m 的平均值 /g		
Hardgrove 指数 GI $GI = 13 + 6.93m$		

实验人员:　　　　　　　日期:　　　　　　　指导教师签字:

六、思考题

物料在 Hardgrove 球磨中主要受到怎样的粉碎作用?

10.2　粉体安息角测定

一、实验目的

(1) 加深对粉体安息角概念的理解。

(2) 掌握采用注入法测定粉体安息角的原理及方法。

二、基本原理

粉体的安息角(Angle of repose)也称为休止角,它是粉体力学中衡量粉体流动特性的一个重要参数。粉体的安息角的一般定义是指,粉体在自重作用下运动所形成的角,即粉体层的自由表面与水平面的夹角。在无内聚力或忽略内聚力的情况下,安息角与粉体的内摩擦角在数值上几近相等。或者说,对理想的库仑粉体,可以认为安息角的数值与内摩擦角的数值相等。实际的粉体由于受测试方法的影响,安息角的值往往比内摩擦角的值大,且根据测试方法不同,安息角的值也有明显差异。

本实验采用注入法测定粉体安息角,其基本原理:用漏斗或缩口容器,把粉体从上方排放到水平放置的圆台上,在水平面上形成圆锥状料堆,然后测量圆锥表面与水平面的夹角,即获得粉体的安息角值。

用粉体安息角测定仪测定粉体安息角(见图 10-1)。粉体安息角测定仪是用于测定自然流动状态下粉料的安息角,该装置由送料器、漏斗、漏斗架、底板、高度量规组成。装置底板中心用激光刻出圆环刻度,精度为 1 mm;漏斗下料口与底板圆环刻度中心严格对齐;底板的对角各安装一个水平仪,调节底板上的 3 个支脚,使底板呈水平状态;待测粉体用送料器以 20 g/min 的速度连续均匀地输送到漏斗中心。当试样锥体顶部到达漏斗出口时停止供料。读取粉料锥体底部圆周 4 条直径的读数,按式(10-2)计算安息角,即

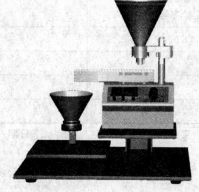

图 10-1　粉体安息角测定仪

$$\theta = \arctan \frac{2h}{d - d_i} \tag{10-2}$$

式中　θ—— 安息角,(°);

　　　h—— 量规高度,(40 ± 0.1) mm;

　　　d—— 粉料锥体 4 条直径算数平均值,mm;

　　　d_i—— 漏斗下料口内径,mm。

三、实验设备及材料

(1) 粉体安息角测定装置。

(2) 100 mL 的量筒。

四、实验步骤与操作技术

（1）将量角器转至不影响粉体流动的位置，并将专用塞棒（细）塞住漏斗口。

（2）将经干燥处理后的粉体自然装入 100 mL 的量筒中，满出部分刮平去除。

（3）将量筒中的粉体倒入漏斗中。

（4）抽出塞棒，使粉体从漏斗底部孔口流出，落到下部料台上，对流动性不好的粉体可用塞棒轻轻搅动，使粉体连续流出落到料台上。

（5）待粉体全部从漏斗中流出后，将量角器转至适当位置，测量料台上粉体所形成的料锥母线与水平面的夹角。

（6）重复上述步骤，连续测量 3 次，最后取其夹角平均值。

五、数据记录与处理

（1）将实验数据记录在粉体安息角测定结果表（见表 10-2）中。

（2）测量料台上粉体所形成的料锥母线与水平面的夹角；重复测量 3 次，最后取其夹角平均值。

表 10-2 粉体安息角测定结果表

粉体名称：　　　　　　　　　　　　料台底面直径 Φ：＿＿＿＿＿＿ mm

实验序号 ＼ 测量次数	1	2	3	平均值
1				
2				
3				
安息角 /(°)				

实验人员：　　　　　　日期：　　　　　　指导教师签字：

六、实验影响因素分析

（1）仪器是否水平。

（2）粉体颗粒的大小。

（3）粉体的干燥程度。

七、思考题

（1）影响安息角测定的因素有哪些？

（2）影响粉体流动的颗粒间作用力有哪些？

10.3　粉体容积密度测定

一、实验目的

（1）加深对粉体容积密度概念的理解。

（2）掌握容积密度的测定方法。

二、基本原理

粉体的容积密度（Bulk density）是指,粉体的质量同它所占有的容积之比,即单位容积的粉体质量。它是表征粉体堆积特性的重要参数之一。

将已知质量的粉体填充到已知体积的容器中,求得粉体的容积密度。

三、实验设备及材料

（1）粉体容积密度测定装置。

（2）量程为 100 g,感量为 1 mg 的天平 1 台。

（3）100 mL 量杯 1 个。

（4）120 mL 量筒。

四、实验步骤与操作技术

（1）使用量程为 100 g,感量为 1 mg 的天平,称量 100 mL 空量杯的质量,并作为量杯质量值填入粉体容积密度测定结果表（见表 10 - 3）中。

（2）将量角器转至不影响粉体流动的位置,并将专用塞棒（粗）塞住漏斗口。

（3）将经干燥处理后的粉体自然装入 120 mL 的量筒中,满出部分刮平去除。

（4）将量筒中的粉体倒入漏斗中。

（5）抽出塞棒,使粉体从漏斗底部孔口自由流出,落入下部 100 mL 的量杯中。对流动性不好的粉体可用塞棒轻轻搅动,使粉体能够从漏斗底部孔口自由流出,落入下部 100 mL 的量杯中。

（6）待粉体全部从漏斗中流出并落入下部 100 mL 的量杯中后,用刮片将堆积于量杯上部的粉体沿杯口小心地刮平。

（7）同样使用量程为 100 g,感量为 1 mg 的天平,称量装有粉体的量杯质量,并作为量杯质量＋粉体质量的值填入表 10 - 3 中。

（8）重复上述步骤,最后根据平均值计算粉体容积密度。

五、实验注意事项

对于测量误差的控制:连续 3 次测定所得粉体质量,其最大和最小质量差应小于 1 g,否则应进行第四次（或第五次、第六次）测定,直到满足要求为止。若第六次仍不合格,则需重新制样。

六、数据记录与处理

表 10 - 3　粉体容积密度测定结果表

粉体名称:＿＿＿＿＿＿＿　　　　　漏斗孔口直径 Φ:＿＿＿＿＿＿＿ mm

量杯质量:＿＿＿＿＿＿＿ g　　　　　量杯容积:＿＿＿＿＿＿＿ mL

测量次序	1	2	3	4	5
量杯＋粉体质量 /g					

续表

测量次序	1	2	3	4	5
粉体质量 /g					
平均值 /g					
容积密度 /(g·cm⁻³)					

实验人员：　　　　　　日期：　　　　　　指导教师签字：

七、实验影响因素分析

（1）粉体要烘干。

（2）要使粉体自由落下。

八、思考题

简述粉体容积密度测定的意义。

10.4　粉体浸润度测定

一、实验目的

（1）加深对粉体浸润度概念的理解。

（2）掌握粉体浸润度的测定原理及方法。

二、基本原理

粉体的浸润度（Suction Potential）是指，粉体床层对液体的润湿能力，若液体为水，则表示粉体床层具有吸水的能力。粉体的浸润度表征了粉体与液体的亲和程度，综合地反映了粉体的毛细管浸润度、渗透浸润度和吸附性浸润度。

当粉体床层与水接触时，水便浸入进去，粉体被润湿，即粉体床层由原来的固-气界面被新的固-液界面所代替，测出粉体床层润湿高度与润湿时间的对应关系，即反映出粉体的浸润度。

三、实验设备及材料

（1）粉体浸润度测定装置。

（2）量程为 100 g，感量为 1 mg 天平 1 台。

（3）水盘 1 个。

（4）无底玻璃试管 3 支。

（5）漏斗 1 个。

（6）圆形小木棒 1 根。

（7）秒表 1 个。

四、实验步骤与操作技术

(1) 使用量程为 100 g,感量为 1 mg 的天平,将经干燥处理后的粉体分别称量 3 份,每份质量根据粉体密度来确定。

(2) 将水盘装入蒸馏水,其水位至刻度线。

(3) 将 3 支无底玻璃试管底端分别用双层滤纸封好,并用细线扎牢。

(4) 将所称量的粉体分别用漏斗小心地全部装填到玻璃试管中,粉料不得有明显洒漏。装填过程中可用圆形小木棒轻轻敲击玻璃试管,以使粉体能全部装入试管内。

(5) 对装好粉体的玻璃试管分别用圆形小木棒再小心敲击 10 ~ 20 次,使 3 支试管中的粉体具有稳定的相同高度。

(6) 将 3 支试管同时插入水盘中,与此同时启动秒表并记录时间。

(7) 分别记录 3 支试管水对粉体的浸润时间及相应浸润高度。一般粉体浸润测试时间为 10 min,特别难浸润的粉体浸润测试时间可取 20 min。

(8) 取 3 支试管粉体浸润高度的平均值。

五、数据记录与处理

(1) 分别将 3 支试管水对粉体的浸润时间及相应浸润高度的实验数据值记录在水对粉体浸润高度测定结果表(见表 10 - 4)中。

(2) 计算粉体浸润高度的平均值。

表 10 - 4　水对粉体浸润高度测定结果表

粉体名称:

试管编号	1	2	3	平均值
浸润时间 /min	浸润高度 /mm			
1				
3				
5				
7				
10				
15				
20				

实验人员:　　　　　　　日期:　　　　　指导教师签字:

六、实验影响因素分析

(1) 粉体的压实程度。

(2) 玻璃试管是否垂直。

(3) 玻璃试管浸入到水面下的深度是否一致。

七、思考题

分析影响粉体浸润度的内在因素有哪些。

10.5　粉体的剪切实验

一、实验目的

(1) 了解和掌握粉体剪切实验的原理及方法。
(2) 通过实验建立极限应力状态下粉体压应力和剪应力之间的变化关系。
(3) 对库仑粉体确定内摩擦角和内聚力。

二、基本原理

粉体从静止状态到开始变形、流动有一个过程,这是由于粉体层内部的摩擦力和内聚力,使粉体形成一定的强度所造成的,这一强度则对抗粉体的变形与流动。从粉体层受力时的应力状态来看,当受力较小时,粉体的摩擦力和内聚力可对其加以抗衡,粉体层外观也不发生什么变化;但当受力的大小达到某一极限值时,粉体层将突然发生破坏(即发生变形、流动),这一破坏时的前后状态称为极限应力状态。因此,对粉体极限应力状态及粉体内聚力和由摩擦力所形成的内摩擦角的分析,是研究粉体变形与流动等力学行为的重要内容。粉体的力学行为是粉体贮存、给料、输送、混合、压制等单元作业及其装置设计的基础。

通过粉体的剪切实验,可以建立极限应力状态下粉体压应力和剪应力之间的变化关系,并可获得粉体的内摩擦角和内聚力等实验值。

将正方形上、下两个剪切盒重叠起来,盒内填充被测粉体;通过传压板向粉体层施加铅垂压应力 σ,再通过下盒向盒内粉体层上、下盒分界面上施加剪应力 τ,并逐步加大剪应力;当达到极限应力状态时,剪切盒错动,粉体层发生破坏。测定错动瞬时的剪应力,即可得粉体在极限应力状态下的压应力 σ 与对应的剪应力 τ;以此,在不同的压应力 σ 作用下,可获得粉体层在达到极限应力状态时所对应的不同剪应力 τ。则在 $\sigma-\tau$ 坐标中,可建立极限应力状态下的压应力与剪应力的关系,对库仑粉体,σ 和 τ 符合线性关系(库仑粉体方程),即

$$\tau = (\tan\Phi_i)\sigma + C_s \qquad (10-3)$$

式中　Φ_i —— 内摩擦角($\sigma-\tau$ 直线与 σ 轴的夹角),(°);
　　　C_s —— 内聚力($\sigma-\tau$ 直线在 $\sigma=0$ 时,τ 轴所对应的截距值),kPa。

三、实验设备及材料

ZJ—2 型应变控制式直剪仪,如图 10-2 所示。

四、实验步骤与操作技术

(1) 当使用仪器时,先校准杠杆水平(调节平衡锤插

图 10-2　ZJ—2 型应变控制式
直剪仪

入固定销），杠杆水平时，杠杆上的水泡应在玻璃盒的正中位置。

（2）将滑动盒和固定盒上下对准，插入固定销（注意导轨上滚珠应置于左端）。盒内自下而上分别放入透水石、被测粉体、透水石，盖上传压板，放好钢珠（Φ12）及加压框架。

（3）旋转手轮甲，使量力环夹块上钢珠与固定盒接触。

（4）调整量力环，百分表对零。若需测下沉量，则安装垂直百分表，并对零。

（5）将手轮乙逆时针方向旋转，使升降杆上升至顶点，再顺时针方向旋转 3～5 转，然后使加压头对准钢珠，调整拉杆下端螺母，使框架向上时容器部分能自由取放（间隙约 3 mm）。

（6）按实验需要施加垂直载荷，吊盘为一级荷重形成的压应力为 50 kPa，在加压过程中，应不断观察水泡，并顺时针方向旋转手轮保持杠杆平衡（此时严禁逆时针方向旋转手轮，以免产生间隙震动试样）。

（7）当施加某一压应力 σ 后，粉体达到一定的固结强度，拧出固定销，以均匀速率旋转手轮甲进行剪切。当被测粉体发生剪切破坏时，测量并记录量力环的量表读数和手轮转数，并通过量力环的位移求得相应的剪应力 τ。

（8）重复上述实验步骤，可获得不同的压应力 σ 下，粉体层在达到极限应力状态时所对应的不同剪应力 τ。

（9）在 σ-τ 坐标中，作出极限应力状态下的压应力与剪应力关系图，对库仑粉体，σ 和 τ 符合线性关系，见式（10-3）。

五、数据记录与处理

将各实验数据及计算值记入粉体剪切实验测定数据表（见表 10-5）。

表 10-5　粉体剪切实验测定数据表

压应力 σ/kPa	50	100	200	300	400
百分表读数 x/mm					
剪应力（$\tau=\dfrac{Kx}{30}\times10^{-4}$）/kPa					
内摩擦角 Φ_i/(°)			内聚力 C_s/kPa		

六、实验影响因素分析

（1）剪应力计算：根据胡克定理 $F=Kx$，其中 F 为物体（量力环）所受的剪切力（单位：kN），x 为物体（量力环）受力后的变形量（单位：mm），K 为物体（量力环）的弹性变形系数，$K=4.76$ kN/mm。则剪应力为

$$\tau=\frac{Kx}{30}\times10^{-4}$$

本实验中，只要读出在各级剪切载荷下量力环中百分表指针所走过的格数，即为量力环的变形量 x。

（2）推动座上附有插销，以便每次实验结束后拔出插销能快速退至原位。

（3）实验结束后，应将仪器全部擦拭干净。

七、思考题

论述粉体剪切应力测定的实际意义。

10.6 Bond 球磨功指数的测定

一、实验目的

(1) 了解 Bond 球磨功指数的定义。
(2) 掌握 Bond 球磨功指数的测定方法。

二、基本原理

物料粉碎在无机非金属材料研究与生产中是十分重要的。Bond 球磨功指数值反映出物料粉碎时功耗的大小,即粉碎的难易程度。作为物料的可磨度标准之一。测定 Bond 球磨功指数,还可以选择和计算粉碎设备的规格、台数和功率;选择和计算磨介尺寸;估算金属磨损耗;判断生产中磨矿设备的工作效率等。

测定 Bond 球磨功指数,其实质是以特定的实验操作步骤与测定方法来代替溢流型球磨机闭路湿法粉磨作业,求出将某一指定给料粒度的物料粉磨至某一要求粒度时所消耗的功。

球磨机闭路粉磨、筛分作业简介如下:第一次进球磨机的物料质量为 m_0,粉磨后进行筛分,筛下物质量为 m_P,筛上物质量为 m_{CL}。将筛上物 m_{CL} 加入球磨机中,称取与筛下物质量 m_P 数量相同的待粉碎的物料(记为 m_F)加入球磨机中,继续粉碎、筛分,如此反复,直到粉碎结果达到要求为止。

三、实验设备及材料

(1) Bond 功指数球磨机。
(2) 2X—300 振动筛分机。
(3) 标准筛 1 套。
(4) 量程为 200 g 的天平,感量为 1 mg。
(5) 毛刷。

四、实验步骤与操作技术

(1) 卸下机盖,清洗球磨机内筒及钢球。
(2) 将粒径小于 3.35 mm 的被测粉料,用筛分法对其进行粒度分析。
(3) 将物料混合均匀,按四分法,取 700 mL 左右粉料,并装入 1 000 mL 的量筒内。
(4) 称量粉体的质量 m_0,记入自制 Excel 表格中。
(5) 第一次粉碎。
1) 使球磨机的装料口朝上,打开机盖,装入钢球。
2) 将上述 700 mL 粉料全部装入球磨机内,盖上机盖。
3) 调节计数器的设定值为 100 r。

4）开启球磨机,转 100 r 后停止。

5）将机盖卸下,使钢球与粉碎物落入接料箱,用毛刷仔细拭擦黏附于球磨机内壁或钢球上的粉末,并归入粉碎物中。

6）将钢球送回球磨机内。

7）将粉碎物等分为 3 份,分别用 150 μm 的筛网在摇筛机上筛分 5 min。

8）筛分结束后,分别称量筛上物(m_{CL})与筛下物(m_P)。

（6）按 $m_{F(n)} = m_0 - m_{CL(n-1)}$ 之值,进行添加试样,加进球磨机,盖上机盖。

（7）计算下一次球磨机转数,按计算的转数进行下一次粉碎。

（8）重复筛分过程,并计算稳定值 G_{bp},直到在连续 3 个 G_{bp} 值中,最大值与最小值之差不超过这 3 个 G_{bp} 平均值的 3‰ 时,则实验结束。

五、数据记录与处理

根据 Bond 粉磨功耗定律,粉磨功指数的计算公式为

$$W_i = \frac{44.5 \times 1.10}{P^{0.23} G_{bp}^{0.82} \left(\dfrac{10}{\sqrt{P_{80}}} - \dfrac{10}{\sqrt{F_{80}}} \right)} \qquad (10-4)$$

式中　W_i——粉磨功指数,(kW·h)/t;

　　　　P——粉碎实验用成品筛网的孔径,150 μm;

　　　G_{bp}——实验用球磨机每转一圈在 P 筛下的成品量,g/r;

　　　P_{80}——成品 80% 通过的筛网孔径,μm;

　　　F_{80}——进磨试料 80% 通过的筛网孔径,μm。

由式(10-4)可见,粉磨功指数的计算涉及 P,F_{80},P_{80},G_{bp} 4 个参数的计算,其中后 3 个是十分复杂的计算。

用手工计算粉磨功指数是十分繁重的工作,同时容易出错,由作图法求出的 F_{80},P_{80} 等参数的精度也有限,用这些参数计算得到的粉磨功指数可信度不高。用 Excel 做曲线图十分方便,计算粉磨功指数十分迅速,结果准确。电子表格做好之后,只要修改表中的实验数据,立即可得另一试样的测试结果。

因此,这里以一组实验数据为例说明其数据记录方式与结果计算方法。

1. 数据记录

（1）进料粒度的测定记录。

取经过缩分的试样约 200 g,采用筛网孔径为 2.0 mm,1.0 mm,500 μm,250 μm,150 μm,125 μm,90 μm,63 μm 筛子,筛下物粒度即为 -63 μm,以振动筛分机将试样筛分 5 min。 筛分结束后分别收取各层筛的筛上物与筛下物,用托盘天平称其质量,结果记录在图 10-3 中(记入筛上残留量一栏内)。

（2）物料粉磨粒度的测定记录。

每次取经缩分及适当组合的物料 700 mL 左右,以量程为 500 g 的托盘天平测定其质量,全部装入球磨机内。经粉碎后,将粉碎物大致等分为 3 份,分别以 150 μm 的筛网在振筛机上筛分 5 min,收取筛上物与筛下物,用托盘天平称其质量。将测定结果记录在图 10-4 中(筛下物质量栏和筛上物质量栏)。

(3) 计算 G_{bp} 值的记录。

每次粉磨后计算的 G_{bp} 记入图 10-5 中。当最后连续 3 个 G_{bp} 值中,最大值与最小值之差不超过这 3 个 G_{bp} 平均值的 3% 时,则可以认为 G_{bp} 已达到稳定值,则结束实验。

(4) P_{80} 数据的测定记录。

将最后 3 次的 m_P(筛下)料进行混合,用双缩分器缩分,取约 100 g,用量程 100 g 的托盘天平作精确称量(精确度在 0.1 g 以内),最后由标准筛和振筛机筛分 5 min,用托盘天平称量筛上物与筛下物的质量,结果记入图 10-3 中(记入各筛上残留量一栏内)。

	A	B	C	D	E	F
1			Bond功指数测定(粒度测定)			
2						
3						
4		样品名称:			测试日期:	
5					测试人:	
6			粒度分析结果			
7		标准筛孔径	进料		P1 筛下	
8		(μm)	筛上残留量	筛上累积		
9			(g)	(%)		
10		2000	70.3	35.17		
11		1000	31.7	51.03		
12		500	36.8	69.43		
13		250	14.4	76.64		
14		150	14.1	83.69	3.7	3.74
15		125	3.2	85.29	10.6	14.44
16		90	8.5	89.54	239.0	38.59
17		63	9.4	94.25	21.2	60.00
18		-63	11.5	5.75	39.6	40.00
19		合计	199.9		99.0	
20		P1=150		RF=0.837	1-RF=0.163	

图 10-3

	A	B	C	D	E	F	G	H	I	J	K
1				Bond功指数测定结果(预测转数)							
2			样品名称:		测试人:				测试日期:		
3		Q0(样品质量):	1432g		P1=150.000				RF=0.837		
4	粉碎次数	1	2	3	4	5	6	7	8	9	10
5		转数	筛下物质量	筛上物质量	进料添加量	3/Q0					下次转数
6	n	N	QP(n)	QCL(n)	QF(n)	RN(n)	RF(n)	RF(n+1)	RN/RF(n+1)	RN/RF(n)	N(n+1)
7	1	100	307	1123	1432	0.784	0.8369	0.965	0.740	0.937	358
8	2	358	394	1032	309	0.721	0.965	0.954	0.748	0.747	356
9	3	356	397	1032	400	0.721	0.954	0.954	0.748	0.756	366
10	4	366	424	1008	400	0.704	0.954	0.952	0.751	0.738	348
11	5	348	425	1003	424	0.700	0.952	0.951	0.751	0.736	329
12	6	329	383	1047	429	0.731	0.951	0.956	0.747	0.769	358
13	7	358	419	1012	385	0.707	0.956	0.952	0.750	0.739	344
14	8	344	420	1010	420	0.705	0.952	0.952	0.750	0.741	331
15	9	331	406	1025	422	0.716	0.952	0.954	0.749	0.752	335
16	10	335			407	0.000	0.954	0.837	0.853	0.000	

图 10-4

2. 计算方法

在测定粉磨功指数的实验中有许多计算,其中较复杂的计算简介如下。

(1) F_{80} 的计算。

用 Excel 的计算功能,根据图 10-3 的进料粒度分析数据,计算 150 μm(以 P_1 表示)筛上

累积率 R_F,用外插法则可比较精确地求得 F_{80},计算的方法及结果如图 10-6 所示,即

$$F_{80} = \frac{X - X_2}{X_1 - X_2}Y_1 + \frac{X - X_1}{X_2 - X_1}Y_2 =$$

$$\frac{80 - 48.97}{64.83 - 48.97} \times 2\,000 + \frac{80 - 64.83}{48.97 - 64.83} \times 1\,000 =$$

$$2\,956\ \mu m \tag{10-5}$$

	A	B	C	D	E	F	G	H	I
1					粉碎实验				
2	样品名称:			测试人:			测试日期:		
3	M0=1432			P1=150		RF=0.837		1-RF=0.163	
4	粉碎	1	2	3	4	5	6	7	8
5	次数	磨机转数	筛下量	筛上量	添加量			Gbp	下次转数
6	n	N	Mp	MCL	MF	MF(1-RF)	(2)-(5)	(6)/(1)	N(n+2)
7	1	100	307	1123	1432	233	74	0.74	358

图　10-5

(2) 球磨机转数的计算。

在实验中在第一次粉碎后,要预测下一次转数。球磨机转数由下式进行计算:

$$N_{(n+1)} = N_n \frac{\ln(R_{N_{n+1}}/R'_{F_{n+1}})}{\ln(R_{N_n}/R'_{F_{(n)}})} \tag{10-6}$$

式中　$N_{(n)}$ —— 上一次的转数,r;

　　　　R_N —— 实验用筛(150 μm)筛上物占试样量的百分数(每次粉碎时的数值不同),%;

　　　　R_F —— 实验用筛(150 μm)筛上物的累积率(第一次粉碎由进磨物料200 g 的全分析得出,其后的每次粉碎都要进行计算),%。

这种计算十分繁琐,而且容易出错。用 Excel 进行计算就可以避免这些问题,其计算公式、计算结果如图 10-4 所示。

(3) G_{bp} 及其平衡值的计算。

在实验中,每次粉碎、筛分后都要计算 G_{bp},如图 10-5 所示。该表不用输入数据,利用 Excel 的单元格引用功能,直接调用本工作簿中图 10-3 和图 10-4 的数据进行计算。

其计算公式为

$$G_{bP} = \frac{M_P - M_F(1 - R_F)}{N} \tag{10-7}$$

式中　M_P —— 物料筛上量,g;

　　　　M_F —— 物料添加量,g;

　　　　R_F —— 物料筛上累积率(由 200 g 进磨物料全分析得出),%。

在实验后期,G_{bp} 值将逐渐靠近。达到稳定值后,最后 3 次 G_{bp} 的平均值就是式(10-4)的要求值。

(4) P_{80} 的计算。

手工计算时 P_{80} 用图解法求出,但精度不高。用 Excel 的作图功能,根据图 10-3 数据所作的 P_{80} 图解,"筛孔尺寸-筛上累积率"曲线近似直线,P_{80} 的值可用插值法求出,用 Excel 进行计算的方法及结果如图 10-6 所示,即

$$P_{80} = \frac{XX - XX_2}{XX_1 - XX_2}YY_1 + \frac{XX - XX_1}{XX_2 - XX_1}YY_2 = 112\ \mu m \tag{10-8}$$

(5) W_i 的计算。

式(10-4)中所要求的参数的值都求出之后,计算 Bond 功指数 W_i 就十分简单了。将数据代入式(10-4)得

$$W_i = \frac{44.5 \times 1.10}{P^{0.23} G_{bp}^{0.82} \left(\frac{10}{\sqrt{P_{80}}} - \frac{10}{\sqrt{F_{80}}} \right)} = \frac{44.5 \times 1.10}{150^{0.23} \, 1.012^{0.82} \left(\frac{10}{\sqrt{112}} - \frac{10}{\sqrt{2\,956}} \right)} =$$

$$20.12 (\text{kW} \cdot \text{h})/\text{t} \qquad\qquad (10-9)$$

	A	B	C	D	E	F
1			Bond功指数计算			
2	样品名称:		测试人:		测试日期:	
3						
4		P80=112		F80=2956		P1=150
5		Gbp=1.012				
6		W1=18.29				
7		X1=64.83	Y1=2000	X2=48.97	Y2=1000	
8		X=80				
9		F80=2956				
10						
11		XX1=96.26	YY1=150	XX2=85.56	YY2=125	
12		XX=80				
13		P80=112				
14						

图 10-6

六、实验影响因素分析

在做实验前,必须充分了解它的前提条件和这种方法的适用范围。

(1)一般,只以岩石与人造矿物之类作为粉碎对象。不适用于软质或韧性大的物料。

(2)原则上,测定进料采用 3.35 mm 筛网的闭路粉碎物。因而,不适用于非常细的物料。当进料粒度较大时,粉碎不能一气呵成,而要分成多段来完成粉碎。

(3)试样筛分时的丢失、筛分后称量的错误等也使实验产生误差,实验时应注意这两个环节。

七、思考题

(1)为什么用 Bond 功指数磨能测定物料粉碎的难易程度?

(2)为什么待 Bond 功指数磨测定的料要预先粉碎成一定的粒度?

(3)为什么用 Bond 功指数磨不能测定软质或韧性较大的物料?

(4)为什么采用强度和硬度往往还难以表述材料粉碎的难易程度?

10.7 粉体真密度的测定

一、实验目的

(1)了解粉体真密度的概念及其在科研与生产中的作用。

(2) 掌握浸液法 —— 比重瓶法 —— 测定粉末真密度的原理及方法。

二、基本原理

粉体真密度(True Density)是粉体材料的基本物性之一,是粉体粒度与空隙率测试中不可缺少的基本物性参数。此外,在测定粉体的比表面积时也需要粉体真密度的数据进行计算。

许多无机非金属材料都采用粉状原料来制造,因此在科研或生产中经常需要测定粉体的真密度。在制造水泥或陶瓷材料中,对黏土的颗粒分布和球磨泥浆细度进行测定,都需要真密度的数据。对于水泥材料,其最终产品就是粉体,测定水泥的真密度对生产单位和使用单位都具有很大的实用意义。

1. 测试技术概述

粉体真密度是粉体质量与其真体积之比值,其真体积不包括存在于粉体颗粒内部的封闭空洞。因此,测定粉体的真密度必须采用无孔材料。根据测定介质的不同,粉体真密度的主要测定方法可分为气体容积法和浸液法。

气体容积法是以气体取代液体测定试样所排出的体积。此法排除了浸液法对试样溶解的可能性,具有不损坏试样的优点。但测定时易受温度的影响,还需注意漏气问题。气体容积法又分为定容积法与不定容积法。

浸液法是将粉末浸入在易润湿颗粒表面的浸液中,测定其所排除液体的体积。此法必须真空脱气以完全排除气泡。真空脱气操作可采用加热(煮沸)法和减压法,或两法同时并用。浸液法主要有比重瓶法和悬吊法。其中,比重瓶法具有仪器简单、操作方便、结果可靠等优点,已成为目前应用较多的测定真密度的方法之一。因此,本实验采用这种方法。

2. 测试原理

比重瓶法测定粉体真密度基于"阿基米德原理"。将待测粉末浸入对其润湿而不溶解的浸液中,抽真空除气泡,求出粉末试样从已知容量的容器中排出已知密度的液体,就可计算所测粉末的真密度。真密度 ρ 计算公式为

$$\rho = \frac{m_s - m_o}{(m_1 - m_o)(m_{sl} - m_s)}\rho_1 \tag{10-10}$$

式中　m_o —— 比重瓶的质量,g;

　　　m_s —— 比重瓶 + 粉体的质量,g;

　　　m_{sl} —— 比重瓶 + 液体的质量,g;

　　　ρ_1 —— 测定温度下浸液密度,g/cm³;

　　　ρ —— 粉体的真密度,g/cm³。

三、实验设备及材料

(1) 真空装置:由比重瓶、真空干燥器、真空泵、真空压力表、三通阀、缓冲瓶组成。

(2) 温度计:0 ~ 100℃,精度为 0.1℃。

(3) 分析天平:感量 0.001 g。

(4) 烧杯:300 mL。

(5) 烘箱、干燥器。

四、实验步骤与操作技术

（1）称量事先洗净、烘干的比重瓶的质量 m。

（2）用四分法缩分待测试样。

（3）在比重瓶内，装入一定量的粉体试样，精确称量比重瓶和试样的质量 m_s。

（4）将蒸馏水注入装有试样的比重瓶内，至容器容量的 2/3 处为止，放入真空干燥器内。

（5）启动真空泵，抽气 15～20 min。

（6）从真空干燥器内取出比重瓶，向瓶内加满蒸馏水并称其质量 m_{sl}。

（7）洗净该比重瓶，然后装满浸液，称其质量 m_1。

五、数据记录与处理

1. 数据记录

将测定数据进行整理，填入粉体真密度测定表（见表 10-6）。

表 10-6　粉体真密度测定表

瓶号	瓶质量 m_o/g	(瓶＋粉)质量 m_s/g	(瓶＋液＋液)质量 m_{sl}/g	(瓶＋液)质量 m_1/g	真密度 ρ/g·cm^{-3}	平均值 ρ/g·cm^{-3}
1						
2						
3						

注：试样为 SiO_2，室温 26℃，水的密度 0.997 8 g/cm³。

实验人员：　　　　　日期：　　　　　指导教师签字：

2. 数据处理

（1）粉体的真密度按式（10-10）进行计算

$$\rho = \frac{m_s - m_o}{(m_1 - m_o)(m_{sl} - m_s)}\rho_1$$

数据应计算到小数点后第三位。

（2）平均值的计算。每组试样需进行5次平行测定。在计算平均值时，其计算数据的最大值与最小值之差应不大于±0.008。如果其中有2个以上的数据超过上述误差范围时，应重新取一组样品进行测定。

六、思考题

（1）测定真密度的意义是什么？

（2）浸液法——比重瓶法——测定真密度的原理是什么？

（3）影响测定真密度的主要因素是什么？

（4）怎样由真密度数据来分析试样的质量？

10.8　BET 吸附法测定粉体比表面积

一、实验目的

(1) 学习 BET 吸附理论及其公式的应用。

(2) 掌握 ST—08 比表面积测定仪工作原理及测定方法。

(3) 学习正确分析实验结果的合理性。

二、基本原理

本实验采用 BET 吸附法原理制成的 ST—08 比表面测定仪来测定粉体物料的比表面积。

1. BET 吸附理论

当固体与气体接触时,气体分子碰撞固体并可在固体表面停留一定的时间,这种现象称为吸附。吸附过程按作用力的性质可分为物理吸附和化学吸附。化学吸附时吸附剂(固体)与吸附质(气体)之间发生电子转移,而物理吸附时不发生这种电子转移。

BET(Brunauer Emmett Teller)吸附法的理论基础是多分子层的吸附理论。其基本假设:在物理吸附中,吸附质与吸附剂之间的作用力是范德华力,而吸附质分子之间的作用力也是范德华力。因此,当气相中的吸附质分子被吸附在多孔固体表面之后,它们还可能从气相中吸附其他同类分子,所以吸附是多层的;吸附平衡是动平衡;第二层及以后各层分子的吸附热等于气体的液化热。根据此假设推导的 BET 方程式如下:

$$\frac{P}{V(P_0-P)}=\frac{1}{V_mC}+\frac{C-1}{V_mC}\frac{P}{P_0} \tag{10-11}$$

式中　P——吸附平衡时吸附质气体的压力,Pa;

　　　P_0——吸附平衡温度下吸附质的饱和蒸气压,Pa;

　　　V——平衡时固体样品的吸附量(标准状态下),mL/g;

　　　V_m——以单分子层覆盖固体表面所需的气体量(标准状态下),mL/g;

　　　C——与温度、吸附热和催化热有关的常数。

通过实验可测得一系列的 P 和 V,根据 BET 方程求得 V_m,则吸附剂的比表面积 S 可用下式计算得到:

$$S=\frac{V_mN_A\delta}{Wn_\lambda} \tag{10-12}$$

式中　n_λ——以单分子层覆盖 1 g 固体表面所需吸附质的分子数,mol;

　　　δ——1 个吸附质分子的截面积,Å^2;

　　　N_A——阿伏加德罗常数,$N_A=6.022\times10^{23}$ mol^{-1};

　　　W——固体吸附剂的质量,g。

若以 N_2 作吸附质,在液氮温度时,1 个分子在吸附剂表面所占有的面积为 16.2Å^2,则固体吸附剂的比表面积为

$$S=4.36\times\frac{V_m}{W} \tag{10-13}$$

这样,只要测出固体吸附剂质量 W,就可计算粉体试样的比表面积 S(单位:m^2/kg)。

2.吸附方法概述

以 BET 等温吸附理论为基础来测定比表面积的方法有两种,一种是静态吸附法,一种是动态吸附法。

静态吸附法是将吸附质与吸附剂放在一起达到平衡后测定吸附量。根据吸附量测定方法的不同,又可分为容量法与质量法两种。容量法是根据吸附质在吸附前后的压力、体积和温度,计算在不同压力下的气体吸附量。质量法是通过测量暴露于气体或蒸汽中的固体试样的质量增加直接观测被吸附气体的量,往往用石英弹簧的伸长长度来测量其吸附量。静态吸附对真空度要求高,仪器设备较复杂,但测量精度高。

动态吸附法是使吸附质在指定的温度及压力下通过定量的固体吸附剂,达到平衡时,吸附剂所增加的即为被吸附之量。再改变压力重复测试,求得吸附量与压力的关系,然后作图计算。一般说来,动态吸附法的准确度不如静态吸附法,但动态吸附法的仪器简单、易于装置、操作简便,在一些实验中仍有应用。

目前,国际、国内测量粉体比表面积常用的方法是容量法。气体吸附法的测定原理见图10－7。在容量法测定仪中,传统的装置是 Emmett 表面积测定仪。该仪器以氮气作为吸附质,在液态氮(－195℃)的条件下进行吸附,并用氮气校准仪器中不产生吸附的"死空间"的容积,对已称出质量的粉体试样加热并抽真空脱气后,即可引入氮气在低温下吸附,精确测量吸附质在吸附前后的压力,体积和温度,计算在不同相对压力下的气体吸附量,通过作图即可求出单分子层吸附质的量,然后就可以求出粉体试样的比表面积。一般认为,氮吸附法是当前测量粉体物料比表面积的标准方法。

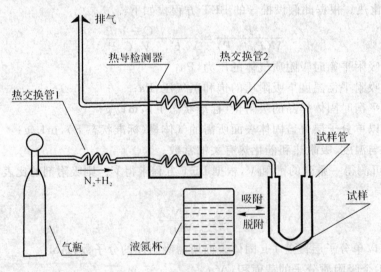

图 10－7　气体吸附法的测定原理

随着气体色谱技术中的连续流动法用于气体吸附法来测定细粉末的表面积,出现了Nelsen 和 Eggertsen 比表面积仪,改进后的 Ellis,Forrest 和 Howe 比表面积仪,ST—03 比表面积仪(北京分析仪器厂)及改进后的 ST—08 比表面积仪。这些仪器的工作过程基本上是相同的,将一个已知组成的氮氦混合气流流过样品,并流经一个与记录式电位计相连的热传导电池。当样品在液氮中被冷却时,样品从流动气相中吸附氮气,这时记录图上出现一个吸附峰,而当达到平衡以后,记录笔回到原来的位置。移去冷却剂会得到一个脱附值,其面积与吸附峰相等而方向相反,这两个峰的面积均可用于测量被吸附的氮。通过计算脱附峰(或吸附峰)的面积就可求出粉体试样的比表面积。这种连续流动法比传统的 BET 法好,其特点:不需要易破碎的复杂的玻璃器皿;不需要高真空系统;自动地得到持久保存的记录;快速而简便;不需要做"死空间"的修正。

3.仪器工作原理

本实验的测试仪器是 ST—08 比表面积测定仪,如图 10 - 8 所示。仪器用氮气作吸附气,氢气(H_2)和氦气(He)作载气,按一定比例($H_2:N_2$,$He:N_2$ 均为 4:1)混装在高压气瓶内。当混合气通过样品管,装有样品的样品管沁入液氮中时,混合气中的氮气被样品表面吸附,当样品表面吸附氮气达到饱和时,撤去液氮,样品管由低温升至室温,样品吸附的氮气受热脱附(解吸),随着载气流经热导检测器的测量室,电桥产生不平衡信号,利用热导池参比臂与测量臂电位差,在计算机屏幕(或记录仪)上可产生一脱附峰(见图 10 - 9),经计算机计算出脱附峰的面积,就可算出被测样品的表面积值。

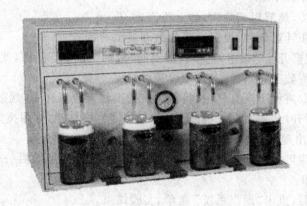

图 10 - 8　ST—08 比表面积测定仪

图 10 - 9　各样品的脱附峰、脱附峰面积值和比表面积值(示例)

ST—08 比表面积测定仪是目前国内比较先进的比表面积测定仪。由于利用计算机对测试数据进行处理,可准确、快速地给出被测粉体试样的比表面积;测量时间仅 30 min;测量精度为 ±3%;测量范围为 0.1～1 000 m² · g⁻¹;能同时测量 4 个样品(其中一个为标准样品)。

三、实验设备及材料

(1) ST—08A 型比表面积测定仪 1 台(电脑主机 1 台、恒温炉 1 个、杜瓦瓶 4 个)。

(2) 分析天平 1 台,感量 0.1 mg。

(3) 试样管若干。

四、实验步骤与操作技术

(1) 称量两只样品管质量,向一只样品管中装填一定量经过干燥处理的样品,另一只样品管中装入已知比表面积的样品,并称其质量,立即装到仪器上。

(2) 打开载气气瓶,使低压表指示 0.5 MPa,打开仪器上的稳压阀,调节左、右侧流量计阀,使其流量指示达到 45 mm。

(3) 打开电源开关,调节粗调旋钮,加上桥流量 100 mA。

(4) 启动比表面积计算软件,设置计算参数和显示参数。

(5) 按下"基线观察开始"菜单,调节仪器上的"粗调""细调"旋钮,使基线靠近 0 mV,使数字显示在 5～10,待数字显示稳定后,基线观察结束。

(6) 从液氮罐中取液氮于液氮杯中,将样品管依次浸入液氮杯中,观察吸附过程。

(7) 按"脱附分析开始"菜单,将标准样品管下的液氮杯移开,立即换为温水杯,开始脱附,当脱附峰的白色基线出现后,脱附过程结束。

(8) 用同样的步骤可依次完成被测样品的脱附过程分析。当最后一个样品分析完后,会显示分析结果,并打印。

(9) 当分析结束后,点击"退出系统"菜单,实验结束。

五、数据记录与处理

(1) ST—08 比表面积测定仪是目前国内比较先进的比表面积测定仪。由于利用计算机对测试数据进行处理,可准确、快速地给出被测粉体试样的比表面积,不用进行手工记录与处理。

(2) 示例图(见图 10-9)为同时测量 4 个试样的测定结果,其中第一个吸收峰面积为标准样品,其他 3 个为待测样品的吸收峰。

(3) 图 10-9 中显示出为计算机算出的待测样品的峰面积和比表面积数值。

六、思考题

(1) 透气法测定粉体比表面积的原理是什么?

(2) 测试前为什么要进行漏气检查?如有漏气应如何处理?

(3) 试料层如何正确制备?

(4) 如何根据测试结果计算被测试样的比表面积?

(5) 透气法测试粉体表面积的局限性有哪些?

(6) 影响测试结果的因素有哪些?

(7) 吸附法与气体透过法测定的粉体比表面积有何不同?

第二部分　综合性、设计性实验

第 11 章 综合性实验

11.1 赤铁矿重力选矿实验

一、实验目的

(1) 根据赤铁矿的性质以及最终选别指标,拟定重力选矿流程。

(2) 了解实验室型破碎机、磨矿机、摇床、螺旋溜槽的构造,并熟悉其操作。

二、基本原理

参照有关破碎机、磨矿机、刻槽摇床、螺旋溜槽的实验。

三、实验设备及材料

(1) 刻槽摇床 1 台。

(2) 螺旋溜槽 1 台。

(3) 破碎机 1 台。

(4) 磨矿机 1 台。

(5) 标准套筛 1 套。

(6) 天平 1 台。

(7) 秒表 1 块,水桶 3 个,大瓷盆若干。

(8) 赤铁矿石。

四、实验步骤与操作技术

(1) 将破碎机排出口调节到适当尺寸,并检查破碎机运转是否正常。

(2) 启动破碎机,将准备好的试样(5 kg 左右)均匀给入破碎机腔内。

(3) 将破碎机产品进行筛分,除去 2 mm 以上的物料。

(4) 将 −2 mm 的物料分成若干份,每份质量为 1 000 g。

(5) 检查磨矿机是否正常并将其磨 2 min,然后按照水 — 矿石 — 水的顺序(即装矿之前先向磨矿机中倒入少量水,再装入试料,然后将剩余水全部倒入磨矿机,倒水时注意将磨矿机口上的矿石冲洗干净,磨矿质量分数为 50%)加入磨矿机,然后盖紧磨矿机盖。磨矿时间分别为 2,4,6,8,10 min。最终发现当磨矿时间为 2 min 时,细度接近 90%,因此调整磨矿时间,最终确定磨矿时间为 35 s。

(6) 在磨矿时间为 35 s 的情况下,磨矿 3 kg。将磨矿后的物料放入大瓷盆中,待一段时间沉降后,吸出上部的水,将下部物料集中在一个大瓷盆中。

（7）检查螺旋溜槽，启动砂泵和搅拌槽并注入清水，将所用设备清洗干净。

（8）将上搅拌槽注满清水，调节搅拌阀门，使给矿体积为 5 L/min，上搅拌槽阀门不要再动，待清水放完后，卡住下面的胶管。

（9）将备好的物料配成质量分数 20% 置于下面的搅拌槽，然后慢慢打开搅拌槽的阀门，将矿浆给入砂泵，等物料完全进入上面的搅拌槽后将胶管打开放入螺旋溜槽。物料进入螺旋溜槽后，注意观察选分现象，等循环正常后，分别接精矿、中矿、尾矿。

（10）调节摇床，然后打开冲水用毛刷清扫床面，接矿槽、水桶。清洗完毕调整水量使水能布满整个床面。

（11）摇床精选。将物料均匀从给矿槽给入，调整冲水及床面倾角使物料在床面上呈扇形分布，要同时调好分矿板及接矿槽的位置，使精、中、尾矿能分别回收，然后停止给矿，拉开水管（注意不要关闭），同时停止机器运转，清除残留在床面上的物料。

（12）待各产品烘干后，进行称量、缩分取化验样。

五、数据记录与处理

（1）将相应的实验数据分别记录于摇床分选指标表（见表 11-1）和螺旋溜槽分选指标表（见表 11-2）。

（2）根据赤铁矿的性质以及最终选别指标，要求选别精铁矿品位指标：$\beta_{Fe} > 65.00\%$，拟定重力选矿流程。

表 11-1　摇床分选指标表

产品	质量 g	产率 γ %	品位 β_{Fe} %	金属量（$\gamma \cdot \beta$/10 000）（%%）	回收率 ε_{Fe} %	备注
精矿						
中矿						
尾矿						
合计						

表 11-2　螺旋溜槽分选指标表

产品	质量 g	产率 γ %	品位 β_{Fe} %	金属量（$\gamma \cdot \beta$/10 000）（%%）	回收率 ε_{Fe} %	备注
精矿						
中矿						
尾矿						
合计						

实验人员：　　　　　　　　日期：　　　　　　指导教师签字：

六、思考题

（1）简述摇床分选和螺旋溜槽分选的基本原理。

（2）分析两种重力选矿方法分别适用的选矿条件。

11.2　实际矿石的浮选

一、实验目的

(1) 了解和掌握实验室型球磨机结构和操作。

(2) 了解和掌握实验室型单槽浮选机的结构和操作。

二、基本原理

随着工业矿床向"贫、细、杂"的趋向转移,采用浮选法来处理工业矿床得到日益发展。当前,采用浮选法来处理复杂硫化矿,其最基本的原则流程如下:

(1) 优先浮选。这一方案适用于较简单易选的矿石,如铜锌硫矿和铅锌硫矿等。

(2) 混合浮选。矿石中矿物呈集合体存在,在粗磨条件下,能得到混合精矿和废弃尾矿的矿石,可用此方案。

(3) 部分混合浮选。适于粗细不均匀嵌布的矿石。

(4) 等可浮性浮选。

而对复杂非硫化矿来说,特别是含钙矿物的矿石,其分选技术主要取决于采用有效的浮选剂。如果非硫化矿中有硫化矿共生。如含硫化矿的萤石矿,一般先用黄药类捕收剂将硫化矿浮出后再用脂肪酸浮萤石。为了保证非硫化矿精矿质量,处理该类矿石时,精选次数都较多 (6～8 次),否则,精矿质量得不到保证。

不论处理复杂硫化矿或含硫化矿的非硫化矿矿石,其加工工艺条件:磨矿细度、流程结构、药方等等的选择,主要取决于矿石性质,如矿石中矿物的嵌镶关系,矿物的嵌布粒度、矿物的种类及含量等。

三、实验设备及材料

(1) XMQ—67 型 $\Phi 240 \times 90$ mm 锥型球磨机。

(2) XFD—63 型 1.5 L 单槽浮选机。

(3) 选矿药剂。

(4) 实际矿石。

(5) 秒表,玻璃器皿等。

四、实验步骤与操作技术

1. 磨矿

磨矿是浮选前的准备作业,目的是使矿石中的矿物经磨细后得到充分单体解离。

(1) 磨矿质量分数的选择:通常采用的磨矿质量分数有 50%,67% 和 75% 3 种,此时的液固比分别为 1:1,1:2,1:3,因而加水量的计算较简单。如果采用其他质量分数值,则可按下式计算磨矿水量:

$$L = \frac{100 - w}{w} \times m \tag{11-1}$$

式中　　L——磨矿时所需添加的水量，mL；

　　　　w——要求的磨矿质量分数，%；

　　　　m——矿石质量，g。

（2）磨矿前，启动磨矿机空转数分钟，以刷洗磨筒内壁和钢球表面铁锈。空转数分钟后，用操纵杆将磨矿机向前倾斜 $15°\sim20°$，打开左端排矿口塞子，把筒体内污水排出；再打开右端给矿口塞子并取下，用清水冲洗筒体壁和钢球，将铁锈冲净（排出的水清净）和排干筒内积水。

（3）把左端排矿口塞子拧紧，按先加水后加矿的顺序把磨矿水和矿石倒入磨筒内，拧紧右端给矿口塞子，搬平磨矿机。

（4）合上磨矿机电源，按秒表计时。待磨到规定时间后，切断电源，打开左端排矿口塞子排放矿浆，再打开右端给矿口塞子，用清水冲洗塞子端面和磨筒内部，边冲洗边间断通电转动磨机，直至把磨筒内矿浆排干净。（注意：当冲洗磨筒内部矿浆时，一定要严格控制冲洗水量，以矿浆容积不超过浮选槽容积的 $80\%\sim85\%$ 为宜，否则，矿浆容积过多，浮选槽容纳不下，需将矿浆澄清，抽出部分清液留作浮选补加水用，而不能废弃。）

（5）若需继续磨矿，重复步骤（3）和步骤（4）。若不需继续磨矿，一定要用清水把磨筒内部充满，以减少磨筒内壁和钢球表面氧化。

2. 药剂的配制与添加

（1）浮选前，应把要添加的药剂数量准备好。水溶性药剂配成水溶液添加。水溶液的质量分数，示药剂用量多少来定，一般用量在 200 g/t 范围内的药剂，可配成质量分数为 $0.5\%\sim1.0\%$ 的溶液，用量大于 200 g/t 的药剂，可配成质量分数为 5% 的溶液。添加药剂的数量可按下式进行计算：

$$V=\frac{qm}{10w} \tag{11-2}$$

式中　　V——添加药剂溶液体积，mL；

　　　　q——单位药剂用量，g/t；

　　　　m——实验的矿石质量，kg；

　　　　w——所配药剂质量分数，%。

（2）非水溶性药剂，如油酸、松醇油、中性油等，采用注射器直接添加，但需预先测定注射器每滴药剂的实际质量。

3. 浮选

（1）将磨好的矿浆从容器中移入浮选槽后，把浮选槽固紧到机架上。（注意：当固紧浮选槽时，槽内的回流孔一定要与轴套上的回流管对好。）

（2）接通浮选机电源，搅拌矿浆，然后按药方——先调整剂，后捕收剂，最后起泡剂——的顺序把药剂加入浮选槽内搅拌，计时。药剂加完并搅拌到规定时间后，准备充气、刮泡。

（3）从小到大逐渐打开充气调节阀门，待槽内形成一定厚度的矿化泡沫后，打开自动刮泡器把手，使刮板自动刮泡。在刮泡过程中，由于泡沫的刮出，浮选槽内液面会下降，这时需向浮选槽内补加一定水量，一是保持槽内液面稳定，二可用补加水冲洗轴套上和槽壁上黏附的矿化泡沫。

（4）浮选时间达到后，停止刮泡，断电。从机架上取下浮选槽，用水冲洗干净轴套、叶轮、矿浆循环孔等。

(5) 分别将泡沫产品和槽内产品过滤、烘干,并称其质量,记入浮选结果记录表(见表 11-3)。然后用四分法或网格法分别取泡沫产品和槽内产品化验样品做化验用。

五、数据记录与处理

(1) 实验的数据记录于表 11-3 中。

表 11-3　浮选结果记录表

产品名称	质量 g	产率 γ %	品位 β %	产率·品位(γ·β) %%	回收率 ε %
精矿					
尾矿					
原矿					

注:各产品之质量和与原矿质量之差,不得超过原矿质量的 ±1%,若超过 ±1%,该实验得重做。

实验人员:　　　　　　日期:　　　　　指导教师签字:

(2) 按下式分别计算出各产品的回收率。

$$\varepsilon_{精} = \frac{\gamma_{精}\ \beta_{精}}{\gamma_{精}\ \beta_{精} + \gamma_{尾}\ \beta_{尾}} \times 100\% \qquad (11-3)$$

$$\varepsilon_{尾} = \frac{\gamma_{尾}\ \beta_{尾}}{\gamma_{精}\ \beta_{精} + \gamma_{尾}\ \beta_{尾}} \times 100\% \qquad (11-4)$$

式中　ε——产率回收率,%;

　　　γ——产品产率,%;

　　　β——产品品位,%。

六、思考题

(1) 影响磨矿细度的因素有哪些?
(2) 影响浮选实验精度的因素有哪些?
(3) 浮选药方包括哪些内容?

11.3　矿物原料直接合成粉体材料

一、实验目的

(1) 学习利用低品位氧化铜矿制备高纯孔雀石粉末。
(2) 了解矿物原料合成粉体材料的方法。

二、基本原理

由矿物原料直接合成矿物材料是矿物加工的新兴领域,随着特种陶瓷的发展和矿物加工技术的综合化,这一领域已越来越引起国内外研究人员的重视,并在某些方向上取得了一定的进展,如用高岭土和三水铝土矿、铝矾土或蓝晶石直接合成莫来石;用杂质含量低的天然刚玉在电炉中于 2 000 ～ 2 400℃ 合成人造刚玉。

孔雀石是呈绿孔雀尾羽的翠绿色或浅绿色,细小无定形粉末,是铜表面形成绿锈的主要成分。其化学组成为 71.59% 的 CuO、19.19% 的 CO_2 和 8.15% 的 H_2O,用途较为广泛。

随着科学技术的发展,孔雀石的应用范围越来越广泛,不仅可用作装饰品、炼铜和颜料,而且在有机催化剂、工业电镀、防腐、烟火制造、化工填料、分析测试剂等中也得到广泛应用。由于天然孔雀石储量有限而满足不了市场需求,因而人工生产孔雀石已是必然趋势,现已能够利用低品味铜矿的浸出液再以适当反应来制备孔雀石。

因孔雀石是难溶于水的有色矿物,故可采用简单的复分解反应制取。从反应生成物的稳定性和纯度及环境污染等方面来考虑,可选择小苏打与硫酸铜溶液反应来制取。而硫酸铜溶液则来自低品味铜矿的酸浸液。利用低品味氧化铜矿(含铜 3.85% ～ 4.96%,氧化率占 80% 左右)添加溶铜沉铁剂直接酸浸,得到 Cu/Fe 大于 100,质量浓度为 8 ～ 12 g/L 的硫酸铜浸液,然后采用化学浓缩,获得溶液的质量浓度为 50 ～ 60 g/L 的浓缩液,利用浓缩液与小苏打作用制取孔雀石。其反应式为

$$2CuSO_4 \cdot 5H_2O + 4NaHCO_3 \xrightarrow{\Delta} Cu_2[CO_3](OH)_2 + 2Na_2SO_4 + 3CO_2 + 11H_2$$

(孔雀石)

三、实验设备及材料

(1) 搅拌浸出装置:塑料瓶(1 000 mL),电动搅拌器,温度计。

(2) 球磨机。

(3) 分级筛。

(4) 天平(感量 0.1 g)。

(5) 金矿石、CaO(分析级)、氰化钠溶液、蒸馏水。

四、实验步骤与操作技术

(1) 制备硫酸铜溶液的工艺参数。根据原则流程,对球磨细度、溶铜沉铁剂用量、液固比、浸出温度、浸出时间等工艺参数进行实验,利用正交实验表,得到最佳浸出工艺参数。

(2) 孔雀石生成反应的工艺参数。影响孔雀石生成的主要因素:硫酸铜与小苏打的质量比,药剂添加顺序,反应时间,反应温度和 pH 值。对硫酸铜与小苏打的质量比,药剂添加顺序,反应时间,反应温度,pH 值与孔雀石生成率进行实验,利用正交实验表,得到最佳孔雀石生成工艺参数。

温度对其生成反应影响较为明显。在操作时,先将硫酸铜溶液(55 g/L)与小苏打溶液(60 g/L)分别在 70℃ 水浴中加热,再按 1:1 比例边搅拌边缓慢地将硫酸铜溶液加入到小苏打溶液中,控制反应温度在 70 ～ 80℃(水浴)。当温度过高时,易生成黑色 CuO;当温度过低时则反应不充分。硫酸铜加入的速度亦是一个重要的参数。若加入速度过快,色泽不易掌握。当两种溶液充分混合后持续搅拌 20 ～ 30 min,待产生的沉淀为孔雀尾羽绿色并稳定为止。反应过程中控制适当的 pH 值是很重要的,实验确定 pH 值应维持在 8 左右,太小则残存 SO_4^{2-} 不易洗净。

(3) 反应完成后,经静置沉淀,用无离子水洗涤至洗液无 SO_4^{2-} 为止。

(4) 干燥。

(5) 将制得的绿色粉末做 X 射线衍射。

五、实验报告要求

(1) 强调学生对实验现象的观察、记录，并根据所学知识进行分析。

(2) 实验结束后，学生应认真地独立地编写实验报告，内容应包括：实验名称、实验目的、实验原理、设备及仪表、实验步骤、实验现象记录、实验数据及数据处理与分析、个人收获和体会。

六、思考题

(1) 机械粉碎法制备粉体的特点是什么？

(2) 粉碎过程机械化学与粉体制备的关系是什么？

(3) 固相法制备粉体与气相法的最主要区别是什么？

(4) 由矿物原料直接制备粉体的工艺特点是什么？

(5) 阐述液相法制备粉体中影响产物粒径的影响因素。

11.4　由煤系高岭土提取铝类化合物

一、实验目的

(1) 了解煤系共伴生矿产资源的加工利用状况。

(2) 了解煤系高岭土提取铝类化合物的常用方法。

(3) 熟悉酸法和碱法提取铝类化合物的流程及操作。

二、基本原理

高岭土是由高岭石亚族黏土矿物即高岭石、0.1 nm 埃洛石、0.7 nm 埃洛石、迪开石、珍珠陶石等组成的一种黏土或黏土岩，其主要矿物成分是高岭石。其特点是高岭石含量一般在 85% 以上，焙烧后可达 95% 以上，质量好，易开发，是我国煤矿综合利用的主要矿物之一。高岭石化学式为 $Al_2O_3 \cdot 2SiO_2 \cdot 2H_2O$，理论化学成分：$SiO_2$ 46.54%，Al_2O_3 39.50%，H_2O 13.96%。SiO_2/Al_2O_3 摩尔比值为 2。

工业上提取铝盐一般要求原料中 $Al_2O_3 > 35\%$，$Fe_2O_3 < 1.5\%$，而煤系高岭岩（土）正好满足此要求。煤系高岭岩（土）中的铝类化合物提取方法通常分为酸法和碱法。酸法一般用来提取铝盐作为化工原料和净水剂等，碱法则主要用于制取氧化铝产品。

酸法工艺简单，易操作，分离效果较好，也较为常用，但其腐蚀性较强。根据与煤系高岭岩浸取反应所用酸的种类不同，通常可分为盐酸法、硫酸法、氢氟酸及混合酸法等。碱法即通过加入碱性物质来提取氧化铝，工艺较复杂，成本高，且其中的 SiO_2 易损失。常见的碱法可分为石灰石烧结法和硫化物法。

1. 盐酸法制备聚合氯化铝和白炭黑的原理

聚合氯化铝主要作为絮凝剂，在生活用水的净化及工业废水的处理中都有较大的用量。

白炭黑在橡胶、塑料工业中用做补强填充剂、涂料防沉剂、油墨增稠剂等。利用煤系高岭土生产聚合氯化铝,其化学反应过程:

(1)高岭土煅烧。将煤系高岭土破碎焙烧脱水,形成具有相当化学活性的所谓"脱稳高岭石",即

$$Al_2O_3 \cdot 2SiO_2 \cdot 2H_2O \xrightarrow{700\sim800℃} Al_2O_3 \cdot 2SiO_2 + 2H_2O$$
$$\text{(高岭土)} \qquad\qquad \text{(脱稳高岭石)}$$

煤系高岭石有机质全部变成 CO_2 和 H_2O,其他杂质大都以氧化物形式存在。

(2)酸浸过程。焙烧后的"脱稳高岭石"具有相当的化学活性,与工业盐酸反应,其反应式为

$$Al_2O_3 \cdot 2SiO_2 \cdot 2H_2O + 6HCl \longrightarrow 2AlCl_3 \cdot 6H_2O + 2SiO_2$$

反应完毕后过滤除渣,即可得到氯化铝溶液。结晶氯化铝分解析出一定量的氯化氢气体和水,变成粉末状碱式氯化铝:

$$2AlCl_3 \cdot 6H_2O \longrightarrow Al_2(OH)_nCl_{(6-n)} + nHCl + (6-n)H_2O$$

(3)聚合过程。碱式氯化铝加水聚合形成聚合氯化铝:

$$mAl_2(OH)_nCl_{(6-n)} + m \cdot xH_2O \longrightarrow [Al_2(OH)_nCl_{(6-n)} \cdot xH_2O]_m$$

将酸浸反应过程中得到的残渣再进行反应,同时加入一些反应助剂,促使反应完全,便可得到副产品白炭黑(胶体二氧化硅)。

2. 石灰石烧结法制取氧化铝的原理

石灰石烧结熟料自粉化从高岭土中提取氧化铝的工艺过程主要包括物料的烧结及熟料的自粉化、熟料的溶出、溶出液的脱硅、溶液的碳酸化分解析出氢氧化铝和煅烧几个主要阶段。其基本反应式为

$$7(Al_2O_3 \cdot 2SiO_2 \cdot 2H_2O) + 40CaCO_3 \xrightarrow{\Delta}$$
$$12CaO \cdot 7Al_2O_3 + 14(\beta-2CaO \cdot SiO_2) + 14H_2O + 40CO_2\uparrow$$

在烧结完毕物料冷却过程中,由于反应生成的硅酸二钙(C_2S)在一定温度下由 β 型转变为 γ 型时的体积膨胀,可使熟料实现自粉化。

$$\beta-2CaO \cdot SiO_2 \xrightarrow{\text{相转变}} \gamma-2CaO \cdot SiO_2$$

熟料溶出过程的主要反应为

$$12CaO \cdot 7Al_2O_3 + 12Na_2CO_3 + 5H_2O \xrightarrow{\Delta} 14NaAlO_2 + 12CaCO_3\downarrow + 10NaOH$$

溶出液用氧化钙进行脱硅得到铝酸钠溶液,向溶液中通入 CO_2 即可分解析出 $Al(OH)_3$,$Al(OH)_3$ 经煅烧得到 Al_2O_3。

$$2NaAlO_2 + CO_2 + 3H_2O \longrightarrow Na_2CO_3 + 2Al(OH)_3\downarrow$$

$$2Al(OH)_3 \xrightarrow{\Delta} Al_2O_3 + 3H_2O\uparrow$$

生产制备时,烧结熟料自行粉化,不必磨细,可以联产无熟料白水泥。

三、实验设备及材料

(1)磨矿机 1 台。

(2)压片机 1 台。

(3) 振筛机 1 台,200 目标准筛。

(4) 马弗炉 1 台。

(5) 高温反应釜 1 台。

(6) 真空过滤机 1 台。

(7) 磁力搅拌器,水浴锅各 1 台。

(8) 天平 1 台。

(9) 氧化铝坩埚,烧杯、瓷盘若干。

(10) 煤系高岭土、石灰石、氧化钙、工业盐酸、CO_2 气瓶、蒸馏水。

四、实验步骤与操作技术

1. 盐酸法制备聚合氯化铝和白炭黑

(1) 用球磨机将煤系高岭土进行研磨,用 200 目筛子过筛。

(2) 取一定量的磨碎矿样,在马弗炉中 700～800℃ 的温度下焙烧 2 h。

(3) 将焙烧土与工业盐酸(31%)按一定比例(约 1∶2.5)配成料浆,输入反应釜中,在 80～100℃ 下反应 6～8 h。

(4) 将反应后的浆料用过滤机进行过滤,固体经洗涤、脱水、干燥、粉磨便得到白炭黑。

(5) 液体在反应釜中热解 1 h,得到碱式氯化铝。

(6) 将碱式氯化铝加入到含一定水的烧杯中,均匀搅拌至黏稠时放入池中固化,便得到聚合氯化铝。

2. 石灰石烧结法制取氧化铝

(1) 将高岭土和石灰石按一定的比例(约 1∶2.5)配料,混匀。

(2) 加适量水搅拌均匀,在压片机上制成坯块,放入氧化铝坩埚中,再将坩埚置入马弗炉中,在 1 350℃ 下保温焙烧 1 h,降低温度至 800℃ 左右,取出坩埚使其自然冷却粉化。

(3) 熟料的溶出实验在用水浴加热的可控磁力搅拌器内进行。碳酸钠用量为理论量的 1 倍,液固比为 3∶1,溶出温度为 60℃,搅拌强度为 500 r/min,时间 1 h。

(4) 进行液固分离,向溶液加入适量氧化钙进行脱硅,得到铝酸钠溶液并通入 CO_2 即可析出 $Al(OH)_3$。

(5) 过滤 $Al(OH)_3$,于 500℃ 高温下(或 900℃)煅烧 2 h 得到 γ-Al_2O_3(或 α-Al_2O_3)。

五、实验报告要求

(1) 强调学生对实验现象的观察、记录,并根据所学知识进行分析。

(2) 实验结束后,学生应认真地独立地编写实验报告,内容应包括:实验名称、实验目的、实验原理、设备及仪表、实验步骤、实验现象记录、实验数据及数据处理与分析、个人收获和体会。

六、思考题

(1) 目前我国煤系高岭土的主要加工方法和利用途径有哪些?

(2) 酸法和碱法提取铝类化合物的优缺点有哪些?

(3) 试述 α-Al_2O_3 与 γ-Al_2O_3 晶体结构的差异。

11.5 黏土矿物 —— 膨润土 —— 性能测试实验

11.5.1 膨润土吸蓝量的测定

一、实验目的

(1) 膨润土吸蓝量的测定方法。
(2) 膨润土吸蓝量的测定。

二、基本原理

在稀焦磷酸钠溶液中加入试料,加热微沸使其分散,然后以滤纸作外指示剂,用次甲基蓝标准溶液滴定。

三、实验设备及材料

1. 焦磷酸钠溶液 $\rho(Na_4P_2O_7 \cdot 10H_2O) = 10 \ g/L$

称取 10.00 g 焦磷酸钠($Na_4P_2O_7 \cdot 10H_2O$),置于 250 mL 烧杯中,加水微沸使其溶解,移入 1 000 mL 容量瓶中,加水稀释至刻度,摇匀,放置 24 h 后使用。

2. 次甲基蓝标准溶液 $c(C_{16}H_{18}N_3SCl) = 0.005 \ 0 \ mol/L$

(1) 通用配制法:将次甲基蓝在 93℃±3℃ 的烘箱中烘 4 h,置于干燥器内冷却至室温。称取 1.599 5 g 次甲基蓝($C_{16}H_{18}N_3SCl$)置于 250 mL 烧杯中,加水使其完全溶解(如次甲基蓝不易溶解,可微热,温度不宜太高,以免次甲基蓝变质),移入 1 000 mL 棕色容量瓶中,加水稀释至刻度,摇匀。

(2) 仲裁配制法。

1) 次甲基蓝含量的测定:称取 0.400 0 g 次甲基蓝($C_{16}H_{18}N_3SCl \cdot 3H_2O$)置于 250 mL 烧杯中, 加入 100 mL 水溶解。 溶液加热至 75℃ 后, 加入 50 mL 重铬酸钾溶液($c(1/2K_2Cr_2O_7) = 0.1 \ mol/L$),烧杯置于 75℃ 水浴中保温 5 ～ 10 min。 冷却后再用已知质量的 4 号玻璃砂芯漏斗过滤,用重铬酸钾溶液($c(1/2K_2Cr_2O_7) = 0.1 \ mol/L$)洗净烧杯,再洗涤沉淀物 3 ～ 4 次,再用重铬酸钾溶液($c(1/2K_2Cr_2O_7) = 0.02 \ mol/L$)洗涤 6 ～ 7 次,最后用水洗涤 1 次。将玻璃砂芯漏斗和沉淀物置于 120℃ 烘箱中烘 1 h,取出置于干燥器中冷却,称量。再烘 0.5 h,称量,直至恒量。

按下式计算次甲基蓝含量:

$$次甲基蓝含量 = \frac{0.814 \ 7 \times m_1}{m} \times 100\% \qquad (11-5)$$

式中　m_1 —— 干燥后沉淀物的质量,g;

　　　m —— 次甲基蓝的质量,g;

　0.814 7 —— 换算系数,相对分子质量比为 $2(C_{16}H_{18}N_3SCl)/(C_{16}H_{18}N_3S)_2Cr_2O_7$。

2) 按式(11-6)计算配制 1 000 mL 次甲基蓝标准溶液所需要的次甲基蓝用量:

$$次甲基蓝用量 = \frac{1.599 \ 5 \times 100}{标定的次甲基蓝含量} \qquad (11-6)$$

　　称取按式(11-6)计算的次甲基蓝用量($C_{16}H_{18}N_3SCl \cdot 3H_2O$,精确至 ±0.000 1 g),置于 250 mL 烧杯中,加水完全溶解后,移入 1 000 mL 棕色容量瓶中,加水稀释至刻度,摇匀,放置 24 h 后使用。

四、实验步骤与操作技术

　　(1)试料:称取粒径小于 0.074 mm 干燥试样 0.200 0 g。

　　(2)校正实验:随同试料进行同类型标准试样的测试。

　　(3)测试。

　　1)将试料置于已盛有 50 mL 水的 250 mL 锥形瓶中,摇动使试料分散。再加入 20 mL 焦磷酸钠溶液,摇匀。

　　2)将盛有试料溶液的锥形瓶置于电炉上,加热微沸 5 min,取下冷却至室温。

　　3)用次甲基蓝标准溶液滴定,开始时可依次滴加 5 mL,逐次缩小至 2～3 mL,接近终点时,每次滴加 0.5～1 mL。每次滴加后,摇动 15～30 s,用 1 mL 移液管沾一滴试液滴于中速定量滤纸上,观察在中央深蓝色斑点周围有无出现浅绿色晕环。若未出现,则继续滴加,直至在深蓝色斑点周围刚刚出现浅绿色晕环,再摇晃 30 s,再沾一滴试液滴于滤纸上,若浅绿色晕环仍不消失,即为滴定终点。记下滴定所消耗次甲基蓝标准溶液的毫升数。

　　4)到终点后,可继续滴加 1～2 mL 次甲基蓝标准溶液,若浅绿色晕环宽度增大,则表示终点判断无误。

五、测试结果的计算

　　(1)按照下式计算吸蓝量:

$$A_b = \frac{cV}{m} \tag{11-7}$$

式中　A_b—— 吸蓝量,m mol/g;

　　　　c—— 次甲基蓝标准溶液的浓度,mol/L;

　　　　V—— 滴定时所消耗次甲基蓝标准溶液的体积,mL;

　　　　m—— 试料的质量,g。

　　(2)吸蓝量精确至小数点后两位。当吸蓝量大于 0.80 m mol/g 时,允许相对误差为 10%;当吸蓝量为 0.45～0.80m mol/g 时,允许绝对误差为 0.08m mol/g;当吸蓝量小于 0.45m mol/g 时,不计误差。

　　(3)用吸蓝量换算试料中蒙脱石含量的经验公式见附录。

附录:

用吸蓝量换算膨润土中蒙脱石的含量

　　由吸蓝量换算膨润土中蒙脱石含量的经验公式为

$$M = \frac{A_b}{K_M} \times 100\% \tag{11-8}$$

式中　M—— 试料中蒙脱石的含量,%;

A_b——吸蓝量,m mol/g;

K_M——换算系数(对蒙脱石而言为 1.5 m mol/g)。

经验公式(11-8)在吸蓝量大于 0.5 m mol/g 时适用。

11.5.2 膨润土胶质价的测定

一、实验目的

(1) 了解膨润土胶质价的测定方法。

(2) 学习膨润土胶质价的测定。

二、基本原理

将 15.00 g 膨润土试料置于盛有适量水的量筒中,混匀后加入氧化镁,再加水稀释至 100 mL 刻度处,放置沉降 24 h,试料凝聚形成的凝胶体积为胶质价(有关说明参见本小节注意事项)。

三、实验设备及材料

(1) 带塞量筒 100 mL,起始读数值为 5 mL,最小分度值为 1 mL,直径约 25 mm。

(2) 轻质氧化镁(化学纯,贮存于密闭瓶或干燥器中)。

四、实验步骤与操作技术

(1) 试料:称取粒径小于 0.074 mm 干燥试样 15.00 g。

(2) 校正实验:随同试料进行同类型标准试样的测试。

(3) 测试。

1) 将试料置于已加入 70 mL 水的带塞量筒中,量筒塞塞紧,用手工或机械将量筒上下方向摇约 300 次,使试料充分散开并与水混匀。在光亮处观察,应无明显颗粒或团块。

2) 打开量筒塞,加入 1.00 g 轻质氧化镁,再加水至 100 mL 刻度处,塞紧量筒塞,上下摇动约 200 次。

3) 将带塞量筒静置于不受震动的台面上 24 h,读取凝胶沉降界面的刻度值(精确至 ±0.5 mL)。

五、注意事项

上述测定方法的试料量是 15 g,对评价钙基和酸性膨润土的质量比较合适;对膨胀性好、分散细的钠基膨润土则不大合适。用上述方法测试的结果表明,较好的钠基膨润土胶质价大于等于 100 mL。对于胶质价大于等于 100 mL 的钠基膨润土,可取大容积量筒在大容积条件下进行测试。

六、实验结果与处理

(1) 按下式计算胶质价:

$$V_{G} = \frac{Y}{m} \qquad (11-9)$$

式中　V_{G}——胶质价,mL/g 或 mL/15 g;

　　　Y——凝胶沉降界面的刻度值,mL;

　　　m——试料的质量,g。

(2)胶质价计算精确至小数点后两位。当胶质价大于或等于 50 mL 时,允许相对误差为 10%;当胶质价小于 50 mL 时,允许绝对误差为 5 mL。

11.5.3　膨润土膨胀容的测定

一、实验目的

(1)了解膨润土膨胀容的测定原理。

(2)熟悉膨润土膨胀容的测定方法。

二、基本原理

膨润土试料置于盛有一定浓度盐酸的量筒中,混匀后放置沉降 24h,试料形成的沉降物体积为膨胀容。

三、实验设备及材料

(1)带塞量筒:100 mL,起始读数值为 5 mL,最小分度值为 1 mL,直径约 25 mm。

(2)盐酸 $c(HCl)=1$ mol/L:取 83 mL 盐酸($\rho=1.18$ g/mL),用水稀释至 1 000 mL。

四、实验步骤与操作技术

(1)试料:称取粒径小于 0.074 mm 干燥试样 1.00 g。

(2)校正实验:随同试料进行同类型标准试样的测试。

(3)测试。

1)将试料置于已加入 50 mL 水的带塞量筒中,塞紧量筒塞,手握量筒上下方向摇动约 300 次。

2)打开量筒塞,加 25 mL 盐酸,加水至 100 mL 刻度,塞紧量筒塞,上下摇动约 200 次。

3)将带塞量筒静置于不受震动的台面上 24 h,读取沉降物沉降界面的刻度值(精确至 ±0.5 mL)。

五、注意事项

(1)优质钠基膨润土的膨胀性能好,摇动分散程度对测定结果有明显影响。因此,在充分摇散的前提下,应严格控制摇动时间。

(2)酸性膨润土的膨胀容有的小于 5 mL/g。因量筒无小于 5 mL 刻度,无法准确读数,可以小于 5 mL/g 表示。

六、实验结果与处理

(1)按下式计算膨胀容:

$$V_s = \frac{V}{m} \qquad\qquad (11-10)$$

式中　V_s—— 膨胀容,mL/g;

　　　V—— 沉降物沉降的体积,mL;

　　　m—— 试料的质量,g。

(2)膨胀容计算精确至小数点后一位。当膨胀容大于或等于 10 mL/g 时,允许相对误差为 20%;当膨胀容小于 10 mL/g 时,允许绝对误差为 2 mL。

七、思考题

(1)简述膨润土产品及加工工艺类型和主要用途。

(2)简述蒙脱石晶格置换的机理因素。

(3)简述膨润土类型划分的依据。

(4)列出钠基土和钙基土的基本性能指标。

(5)简述胶质价、吸蓝量的意义。

11.6　铝土矿的浮选

11.6.1　pH 值对铝土矿浮选的影响

一、实验目的

(1)了解矿浆 pH 值对矿物浮选的影响。

(2)掌握小型浮选实验的方法。

(3)加深对分选过程的感性认识。

(4)学会对实验现象的分析和结果的处理。

二、基本原理

在浮选中,pH 值一般都会对浮选产生影响,氧化矿的浮选中,pH 值能改变矿物表面电荷的电性和电量,本实验通过加入不同量的调整剂 Na_2CO_3,调整矿浆的 pH 值。

三、实验设备及材料

(1) XFD 型单槽式浮选机(1.5 L)。

(2) CS1012 型电热鼓风干燥箱。

(3) XPM—Φ120×3 三头玛瑙研磨机。

四、实验步骤与操作技术

(1)称取 500 g 铝土矿试样,量取 250 mL 水一同加入球磨机中,磨矿 6 min。

(2)再加入浮选机内,加入调整药剂碳酸钠 2 800 g/t 调整 pH 值,搅拌 2 min。

(3)加入抑制剂六偏磷酸钠,用量 60 g/t,搅拌 3 min。

（4）再加捕收剂氧化石蜡皂或油酸钠，用量 1 800 g/t，搅拌 3 min。

（5）打开浮选机进气口，采用"一粗一扫"全浮选流程，粗选时间 6 min，扫选时间为 3 min。

（6）分别将粗精矿、中矿和尾矿用滤纸真空抽滤后，干燥、称量、制样。

（7）加入调整药剂碳酸钠 3 200 g/t，重复上述方法和步骤。

五、注意事项

（1）浮选时，要控制好液面，避免跑槽现象。注意观察泡沫变化情况。

（2）磨机磨矿前后要冲洗干净。

六、数据记录与处理

（1）实验流程图分别如图 11-1(a) 和(b) 所示。

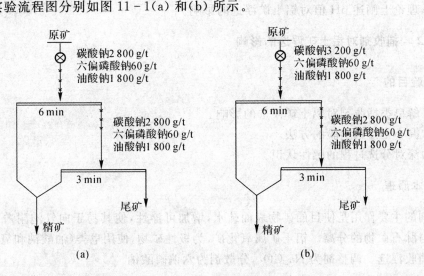

图 11-1　实验流程图

（2）将实验数据分别记录于流程图 11-1(a) 实验数据表（见表 11-4）和流程图 11-1(b) 实验数据表（见表 11-5）。

表 11-4　流程图 11-1(a) 实验数据表

产品	$r/(\%)$	Al_2O_3	SiO_2	Al_2O_3/SiO_2	$\sum/(\%)$	
					Al_2O_3	SiO_2
精矿						
尾矿						
原矿						

表 11 – 5　　流程图 11 – 1(b) 实验数据表

产品	$r/(\%)$	Al_2O_3	SiO_2	Al_2O_3/SiO_2	$\sum/(\%)$	
					Al_2O_3	SiO_2
精矿						
尾矿						
原矿						

实验人员：　　　　　　日期：　　　　　　指导教师签字：

七、思考题

(1) 比较不同 pH 值对铝土矿脱硅效果的影响。

(2) 从理论上阐述 pH 值对铝土矿浮选的影响。

11.6.2　捕收剂对铝土矿浮选的影响

一、实验目的

(1) 了解皂类捕收剂对铝土矿浮选的影响。

(2) 掌握小型浮选实验的方法。

(3) 加深对分选过程的感性认识。

二、基本原理

捕收剂的主要作用是使目的矿物表面疏水,增加可浮性,使其易于向气泡附着,从而达到目的矿物与脉石矿物的分离。铝土矿属氧化矿,为极性矿物,使用皂类(油酸钠和氧化石蜡皂)对其进行捕收浮选。调整剂为 Na_2CO_3,分散剂为六偏磷酸钠。

三、实验设备及材料

(1) XFD 型单槽式浮选机(1.5 L)。

(2) CS—1012 型电热鼓风干燥箱。

(3) XPM—$\Phi120\times3$ 三头玛瑙研磨机。

四、实验步骤与操作技术

(1) 称取 500 g 铝土矿试样,量取 250 mL 水一同加入球磨机中,磨矿 6 min。

(2) 再加入浮选机内,加入调整药剂碳酸钠 3 200 g/t 调整 pH 值,搅拌 2 min。

(3) 加入抑制剂六偏磷酸钠,用量 60 g/t。

(4) 再加捕收剂油酸钠,用量 1 800 g/t,搅拌 3 min。

(5) 打开浮选机进气口,采用"一粗一扫"全浮选流程,粗选时间 6 min,扫选时间为 3 min。

(6) 分别将粗精矿、中矿和尾矿用滤纸真空抽滤后,干燥、称量、制样。

(7) 捕收剂改为氧化石蜡皂,重复上述方法和步骤。

五、注意事项

（1）浮选时，要控制好液面，避免泡槽现象。注意观察泡沫变化情况。

（2）磨矿机磨矿前后要冲洗干净。

六、实验记录

（1）实验流程。采用油酸钠时的流程实验参照图 11-2 实验流程图。

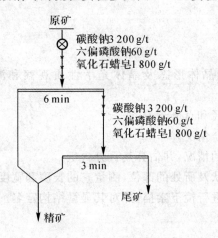

图 11-2　实验流程图

（2）将实验数据记录于实验数据表（见表 11-6）。

表 11-6　实验数据表

产品	$r/(\%)$	Al_2O_3	SiO_2	Al_2O_3/SiO_2	$\sum/(\%)$	
					Al_2O_3	SiO_2
精矿						
尾矿						
原矿						

实验人员：　　　　　日期：　　　　　指导教师签字：

七、思考题

（1）比较两种捕收剂对铝土矿的回收效果。

（2）在浮选中为什么没有加起泡药剂？

11.7　陶瓷显微结构分析

一、实验目的

（1）熟练掌握偏光显微镜的使用，学会在偏光显微镜下观察陶瓷试样。

（2）了解陶瓷显微结构的特征。

（3）通过观察与分析,掌握确定陶瓷晶相的方法与步骤,并以此为基础,学会分析玻璃、水泥、复合材料等无机非金属材料的物相组成。

二、实验条件

（1）预习教材有关章节内容,掌握常见陶瓷材料的晶相组成。

（2）透视式偏光显微镜。

（3）陶瓷试样标本若干。

三、实验内容

（1）通过对陶瓷薄片中晶体形态及晶体光学性质观察和测定,确定组成陶瓷晶相的名称。

（2）测量各种晶相的粒径和百分含量。

（3）观察各晶相间的结合情况。

（4）观察玻璃相不均一的情况,并估算其百分含量。

（5）根据显微裂纹的形状及所处的部位,测量它的长度和宽度,估算其数量。

（6）选择有代表性视域进行镜下素描,并对其显微结构定名。

四、实验结果与记录

实验结果填入陶瓷显微结构分析表（见表11-7）中。

表 11-7　陶瓷显微结构分析表

瓷类	相组成	晶相观察结果	玻璃相观察结果	裂纹观察结果	结构分析

实验人员：　　　　　　　日期：　　　　　　指导教师签字：

五、思考题

（1）陶瓷的晶体相和非晶体相之间是否可以相互转变（如玻璃化和脱玻化）？为什么？

（2）简述多相体系物料制备的基本方法、原理和目的。

11.8　结晶矿物学综合实验

一、实验目的

（1）掌握典型矿物晶体的结构特征,加深对结构的认识。

（2）掌握典型矿物晶体的形态、形貌特点，熟悉矿物的物理性质及简单的化学性质。

（3）学会设计矿物晶体综合鉴定的程序和方法。

（4）锻炼与培养自主思维和动手能力。

二、基本原理

对任何矿物而言，遵循哥希米特结晶化学定律和鲍林规则，在结构与性能之间都有着如下的共同规律：组成决定了结构，结构决定了性质，性质决定了应用。在陶瓷、玻璃、新材料的开发过程中，掌握了这样的规律就可以指导学生，从根本上，从理论上探讨和研究材料形成的机理、过程和变化特征。因此，对于矿物材料初学者来说，首要的任务是认识矿物和鉴定、分析矿物，而矿物由于自身的生长习性和生长规律的限制，它只能以特定的方式、特定的结构和特定的性质存在。这样，学生就有可能根据其特征和特点，对不同组成、不同结构、不同性质的矿物实施鉴定和研究，为专业课的学习和专业知识的应用打下良好的基础。

三、实验条件

（1）预习教材有关章节内容，了解矿物晶体的结构、形态、物性之间的联系。

（2）提供：偏光显微镜、小刀、放大镜、无釉白瓷板、普通磁铁、稀盐酸、矿物硬度计等实验设施。

（3）混合矿物晶体粉料 A，B，C，每种混料均由常见的两种不同矿物晶体构成，其粒度在 80～60 目之间。

（4）每种混料中的组成矿物均有相对应的薄片 P_{A1}，P_{A2}，P_{A3}，P_{B1}，P_{B2}，P_{B3}，P_{C1}，P_{C2}，P_{C3}。

（5）每种混料附有 DTA，XRD 资料。

四、实验步骤与操作技术的设计（自拟）

要求从以下主要方面反映矿物的特征：

（1）观察矿物的晶形（单体或集合体）。

（2）观察矿物的物理性质（力、光、电、磁）。

（3）测定矿物的化学性质（与酸、碱的反应）。

（4）测定矿物的热学性质（DTA）。

（5）测定矿物晶体的结构（XRD）。

（6）测定矿物的光学性质（OM）。

五、实验方法

要求学生总结矿物学所学的知识，为了达到鉴定和研究的目的，在上述所提供的条件下，可自行设计实验方法和步骤，但必须具有科学依据。

六、实验内容

按下列要求，设计出 A，B，C 3 种混料鉴定区别的原理、方法和步骤：

（1）反映出鉴定区别矿物的理论根据。

（2）反映出鉴定区别矿物的研究方法，从而总结出选择矿物鉴定研究方法的一般性结论。

(3) 有依据地反映出鉴定研究的步骤。

(4) 说明 3 种混料中的矿物名称、化学组成、晶体化学式、实验式。

(5) 说明各个矿物的常见形貌、表现形式、结晶习性。

(6) 说明各个矿物的典型物理性质、肉眼鉴定特征。

(7) 说明各个矿物的结构类型和特点,并画图表示晶体结构。

(8) 说明各个矿物在偏光显微镜下的光学特征。

(9) 说明各个矿物晶体的空间格子特征、对称型、晶体分类位置和矿物分类位置。

(10) 说明各个矿物晶体之间的区别和联系。

(11) 估算 A,B,C 3 种混料中各组成矿物的基本含量。

(12) 根据组成和结构的特征,预测其中一种矿物所具有的鲜为人知的性质。

(13) 说明这些矿物的组成、结构、性质之间的关系。

(14) 在查阅资料的基础上,说明其中一种矿物晶体在加热过程中所发生的结构变化。

(15) 总结出快速鉴定这 6 种矿物的方法与步骤。

(16) 说明各个矿物的基本用途(玻璃、陶瓷、材料),在查阅有关资料的基础上,就 A,B,C 3 种混料中的其中一个,综述其开发、利用、研究的现状和发展趋势。

七、实验报告

据上述要求和规范,在两周内完成本次大型综合实验的设计报告,字数要求在 3 000 ~ 4 000 之间。

需要说明:

(1) 学生进入实验室必须遵守实验室各种规章制度,严格按实验章程操作实验。

(2) 实验设计的步骤和流程注重科学性、创新性。

(3) DTA,XRD 鉴定的资料实行共享,但对该资料的分析和总结力求展示自我观点,提倡对现成资料或网上文献资料进行归纳总结。

八、思考题

(1) 简述高岭石、滑石、白云母在结构和性质上的异同点。

(2) 简述沸石晶体结构、性能、应用的关系。

(3) 简述沸石离子交换功能与结构的关系。

(4) 简述典型矿物 —— 高岭土、膨润土 —— 的基本结构、物理化学特性及主要用途。

11.9　　粉体综合实验

一、实验目的

(1) 熟练掌握粉体各项物性的表征方法。

(2) 了解各项粉体物性指标对粉体的制备、处理及其应用性能的影响。

(3) 掌握一些对粉体的制备,处理及其应用效果的评价方法。

（4）培养学生分析和解决具体粉体问题的能力。

二、基本原理

粉体的制备与处理是硅酸盐材料制备过程中的重要一环。粉体性能的好坏直接影响到材料的制备工艺过程，例如可操作性、流变特性及成型性能等，这些影响往往还会带入最终制品的性能形成。在有大量粉体作业的行业如水泥行业，其作业的效率是构成能耗成本的一个重要因素，而作业的效果如粒度，分布和比表面积等又决定它的应用性能，例如水泥的水化特性以及水泥混合材的活性等。

作为矿物材料专业方向的学生，从事矿物材料工作一定会涉及大量的粉体问题，从粉体的制备和处理（大小、分布、形状及表面特性等），到粉体的一些单元操作如输送、储存、干燥、混合等。如何利用粉体物性的测试结果对粉体问题或过程进行描述，解析和评价，是加深学生对一些粉体问题及其影响因素的理解的有效途径，同时还可增强学生分析和解决具体粉体问题的能力。

在现有的实验基础上，让学生利用粉体单项实验获得的一些数据对一些相关的粉体问题或过程进行描述、解析和评价。

综合分析时，要求学生对相关粉体问题的影响因素进行较全面的分析，并就实际获得的实验结论做出评价或提出改进方法。

三、实验过程

（1）对两种易磨性表征方法（Bond 功指数法和 Hardgrove 指数法）的适用范围，并对它们的结果的关联性做出评价。

（2）利用 Bond 功指数 W_i 和实际作业工作指数 W_{io} 对球磨机粉磨效率做出评价。

（3）利用内摩擦角 Φ_i 计算粉体层的侧压特性。

（4）利用剪切实验结果确定有效内摩擦角 $\Phi_{i,1}$ 及对料斗的流动因素进行评价。

（5）利用安息角（休止角）实验所得结果参考 Carr 流动性指数对该粉体从料仓内流出时的结拱情况进行预测并提出改善措施。

四、实验效果分析与评价

粉碎效率与材料物性以及粉碎施力方式等诸多因素有关。材料的强度特性如硬度和韧性对其粉碎效率影响很大，但通常所称的强度是指其抵抗脆性破坏的能力，而当粉磨过程中颗粒受到力的作用时，除脆性破坏外还伴有局部的非弹性变形。研究表明，粗颗粒受负荷作用时易发生脆性破坏，而细颗粒更易发生塑性变形而碎裂。各种矿物颗粒都对应着一定的从脆性破坏过渡到塑性变形的粒径范围，Sikong 等人所得的实验结果表明 $10 \sim 30\ \mu m$ 为开始出现塑性变形的界限，$1 \sim 5\ \mu m$ 则为过渡至完全塑性变形的界限。与石英之类硬质材料相比，石膏等软质材料的上述界限粒径范围有增大的倾向。以上现象的出现是由于粒度减小，颗粒上的裂纹长度变短及数量变少以至消失所致。

同时由于破碎强度和阻力增大，使颗粒在从脆性破坏过渡至塑性变形的粒度范围内产生裂纹变得十分困难，因此，在一定的粒度下，反复的机械应力作用不会导致破碎，而仅仅产生变形，在超微粉碎中它成为粉碎效率的负因素。另一方面，在力学性质中对材料粉碎性影响大的是拉伸强度。且因压坏强度相当于拉伸强度,而它又与加荷速度和加荷周期有关,因此,粉磨工件对物料的加荷速度和加荷周期必将影响其粉磨效率。一般认为,当加荷周期与颗粒的固有周期相近时,可显著地提高粉碎效率。

加荷速度或碎料粒子的碰撞速度对改善粉碎效率的改善取决于材料性质,且范围狭窄。因此,作为操作条件对其进行控制是困难的,但是,在超细粉碎时,必须充分考虑加荷速度和加荷周期对粉碎效率的影响。

对于熔点,软化点低的热可塑性材料和因温度上升而失去结合水由氧化作用而变质的材料,以及常温时强韧、低温时脆性化的材料,适宜采用低温粉碎。

必须指出,与上述热性质相反,有的材料各组成的热膨胀系数不同,利用这一性质,如在粉碎前加热物料然后急冷,造成热应力,使材料颗粒更易于碎裂。

此外,结晶水化合物与无结晶水相比,由于结晶水使体积膨胀,利用这一性质进行粉碎的方法称为化学粉碎法。例如,将难以粉碎的超硬合金材料加热,并与氯气作用生成氯化物,如果将生成物投入水中,则结晶水可引起体积膨胀,产生自然崩坏的效果。

总之,要充分研究材料的热性质、化学性质与粉碎性之间的关系,并加以充分利用。

五、思考题

(1) 为什么由实验室小规模球磨机实验结果,可以对高达几千千瓦的粉碎机进行按比例放大的计算?
(2) 粉体流动性差给粉体的处理和应用会带来哪些影响?
(3) 什么是表观抗张强度?
(4) 简述同种材料粉体粒度和形状变化时表观抗张强度的变化趋势。
(5) 内摩擦角的确定还有哪些方法?

11.10 矿石工艺性质的测定

一、实验目的

(1) 为选矿厂设计提供原始资料。
(2) 为拟定实验方案提供依据。
(3) 作为考查和分析实验结果的手段,指导下步实验工作。

二、基本原理

选矿实验中,常须测定试样(包括原矿、产品及纯矿物)的某些性质。例如粒度、堆比重和真比重、摩擦角和堆积角、可磨度、硬度、水分、比磁化数等。本次实验考虑时间关系,只测定原矿含水量、比重、摩擦角和堆积角等。

三、实验设备与材料

(1) XED型单槽浮选机(1 L,1.5 L),微量注射器2支。
(2) 可控温烘箱1台。

(3) 球磨机 1 台。

(4) 真空过滤机 1 台。

(5) 比重瓶、台秤(1 L)、研缸。

(6) 2$^\#$ 油、重吡啶、煤焦油、油酸等。

四、实验步骤与操作技术

1. 真比重的测定

真比重是指单位体积物料的质量,常用单位为 g/cm^3。其测定操作步骤如下:

(1) 将比重瓶洗净后,烘干,然后在天平上称其质量为 m_1。

(2) 再用冷到室温的蒸馏水注入比重瓶,使之溢出瓶颈,迅速用瓶塞塞住(以防止产生气泡),然后用滤纸将比重瓶外面抹干,并用一吸水细丝吸水至瓶塞刻痕处。若瓶塞上无刻痕,则以毛细管被水充满为准称其质量,如此反复称 2 ～ 3 次,直到所称结果完全一致为止,其质量为 m_2。

(3) 将水倒出烘干比重瓶,将试样放入比重瓶中并称其质量为 m_3,再将水注入比重瓶中(试样和水的体积不超过比重瓶的 2/3)。轻轻摇晃,使试样润湿,赶出气泡,若不见气泡逸出,则可将水注入比重瓶至刻度为止,然后称其质量。

(4) 为除净气泡可将水加热煮沸(煮沸法)。但大多数情况是采用抽空法,将比重瓶外面抹干,称其质量为 m_4。

(5) 计算:

$$\delta_S = \frac{m_3 - m_1}{(m_2 - m_1)(m_4 - m_3)}\Delta \qquad (11-11)$$

式中　δ_S—— 矿石真比重,g/cm;

　　　m_1—— 空比重瓶的质量,g;

　　　m_2—— 比重瓶和水的质量,g;

　　　m_3—— 比重瓶和试样的质量,g;

　　　m_4—— 比重瓶、水和试样的总质量,g;

　　　Δ—— 液体比重,g/cm^3。

2. 堆比重的测定

堆比重是指碎散物料在自然状态下堆积时单位体积(包括空隙)的质量,常用单位为 t/m^3,测定的主要目的是为了设计矿仓、堆栈等贮矿设施提供依据。

测定方法:取经过校正的容器,其体积为 V,质量为 m_0,盛满矿样并刮平,然称其质量为 m_1,其堆比重 δ_D 和空隙度 B 为

$$\delta_D = \frac{m_1 - m_0}{V} \qquad (11-12)$$

$$B = \frac{\delta_S - \delta_D}{\delta_S} \qquad (11-13)$$

式中　δ_S—— 矿石真比重,g/cm^3。

注意:测定容器不能过小,否则准确性差。

3. 摩擦角和堆积角的测定

(1) 摩擦角的测定。

用一块木制平板(也可用胶板及其他材料制成的平板),其一端铰接固定,另一端则可借细绳引以使其自由升降,将实验物置于板上,并将板缓缓下降,直至物料开始运动为止,此时测量其倾斜板角即摩擦角。

(2)堆积角的测定。

测定堆积角的方法有自然堆积法和郎氏法。自然堆积法是将欲测物料在较平的水泥地面上堆积成锥形。当堆积到一定高度,物料就会向四周流动始终保持一个锥形体。此时的堆积角不变,测量物料与地面之间的夹角即堆积角。

4.试样水分的测定

本次实验的试样水分的测定主要是为计算原矿干量提供依据。

测定方法:取 $100 \sim 500$ g 试样,均匀地摊放在一个方形栈盘上,盘子要预先称其质量,精确到 0.1 g,在 $80 \sim 100$℃ 下烤干。然后按下式计算水分。

$$W = \frac{m_1 - m_2}{m_1} \times 100\% \tag{11-14}$$

式中 m_1 —— 试样原始质量,g;

  m_2 —— 试样烤干后的质量,g。

5.浮选实验操作技术

在浮选实验之前首先准备好实验内容,然后做如下准备工作,例如用具:秒表、注射器,以及天平、量筒、盆、方盘等。实验所需药剂及有关设备也需要准备好。以下简单介绍浮选实验的操作。

(1)磨矿。磨矿是选矿过程中的主要作业,它直接影响着选别作业的效果,有时中矿须脱除药剂,也用磨矿来达到此目的,因此磨矿作业是实验工作的重要部分之一,必须高度重视。实验室是以磨矿时间来控制细度的,首先要找出磨矿细度与时间的关系曲线,而细度又与磨机规格、转速、装球比或装球(棒)量,磨矿浓度及矿石性质等有关。因此,各小组使用固定的磨矿机,以保证磨矿工作条件的恒定。具体操作如下:

1)检查台称是否平衡,在平衡后即按质量称好待磨试样(1 000 g 或 500 g)。

2)检查与配制好待磨试样,以及在磨矿时加入的药剂。

3)检查磨矿机马达(轴承处的润滑情况),用手拉动传动皮带 $2 \sim 3$ r,若无故障后重开车一次约 $3 \sim 5$ min,除去机身与球(或棒)的铁锈,然后用清水清洗干净。

4)如球磨矿机长期未使用,在磨矿前应装入石英砂或细砂及少量石灰磨至筒体内至露金属光泽为止。然后把球胶砂子全部倒出来用水洗净,并测定磨机转速。

5)在磨机内装清洗干净的球,然后加水(所加水量按磨矿质量分数为 $60\% \sim 65\%$ 计算),添加时不宜全部加完(留 30 mL 左右作为加矿石后冲洗用),最后加入矿石和药剂,决不能先装矿石以防止黏附在潮湿的底部而磨不细。物料装完后将磨矿机盖盖上,并扭紧螺母手柄,以免出事故。

6)开机时,秒表与磨机必须同时开,严格控制规定的磨矿时间,中途出事故应重新磨矿。

7)磨矿完毕后在清洗当中,洗水应适量,以免使浮选机容纳不下,影响浮选作业。

8)使用完后,机内应灌满水,以防生锈。

(2)实验室浮选机单元实验操作法。

1)开机前用手拉动皮带空转,检查是否有润滑油,并检查是否漏油,检查连接螺母紧不紧。

2）洗干净浮选机，在必要时加入石灰、苏打等碱类以除去油污后，再用少量 H_2SO_4 中和。

3）在加矿之前要关闭气门（衡阳式浮选机要塞住放矿口），然后开动马达，将矿液倒入槽内，再以少量水把盆底的沉砂洗入槽中，但要注意用水不可过，以防跑槽。

4）加入药剂时要按规定时间进行搅拌，各种药剂的添加顺序一般按：

$$调整剂 \xrightarrow{\text{搅拌}} 捕收剂 \xrightarrow{\text{搅拌}} 起泡剂$$

在加药剂时要按量加入搅拌区，不能加到机壁上。

5）打开气门进行 $10 \sim 30 \text{ s}$ 充气，然后开始粗选，在刮泡过程中应不断加水以维护矿液面恒定。在粗选之后再进行扫选。

注意事项：① 一次实验的刮泡操作保证由一个人完成；② 若是人工刮泡时，刮板垂直拿，要集中注意力刮出泡沫，切勿刮出矿浆，力求速度均匀，深浅一致；③ 随时注意调节矿浆面，在粗选时力求及时刮出泡沫，以保证回收率，应不断补加水以维持矿浆液面恒定，在精选时为了确保精矿品位，矿浆面不宜过高；④ 随时注意冲洗附着于浮选槽壁上的矿粒进入槽内；⑤ 浮选实验时通过泡沫颜色观察刮泡终点，来确定实验浮选时间；⑥ 浮选终了后，把刮板上黏附的精矿用洗瓶洗到精矿盘里，再倒出尾矿，并把槽子洗干净，洗水也应倒入尾矿中去；⑦ 将产品贴上标签后拿去烘干（注意烘干时精矿和尾矿不要靠在一起烘）；⑧ 浮选后，浮选产品（精矿、中矿、尾矿）总质量与原矿质量误差约不能超过 1%；⑨ 实验完毕后将选矿现象、化验样记录好，编好号码并保存好记录本；⑩ 由于操作不慎，将浮选时间缩短或延长及药剂添加不当，泡沫量与颜色有异于平常时则实验应重做。

（3）观察浮选现象。

1）观察起泡的密度及矿浆的循环情况。

2）观察泡沫（泡沫颜色、大小、均匀度、粒度、矿化程度）。

3）观察泡沫随着时间的增长所发生变化的情况。

注意事项：① 使用工具放在操作方便的地方；② 留意电动机升温情况，防止烧毁电机，严防水溅到电机上；③ 实验完毕应清洗并擦干一切实验设备及用具，放回原处，并打扫实验室。

（4）常用浮选药剂的配比与使用方法。

1）称取：除淀粉、石灰等药剂应配成溶液使用。为了保证药剂的准确性，先检查天平是否平衡，然后开始称量。最好使用药物天平称取。

2）配制：为了方便计算用量，配制各种试剂溶液时，一律以体积 $\approx$ 质量法表示其浓度。配制浓度的大小决定于试药本身溶解度及其用量多少，当用量大时，浓度应高些，以免进行浮选槽中的水太多；当用量少时应稀释，否则用量不准确。当配制试剂时，除其有特殊要求外（如伯胺要用冰醋酸或盐酸作溶剂）一般用自来水配制。

3）添加方法：用量在 5 mL 以上者用量筒添加（应用适当大小的量筒）；用量小于 5 mL 的用注射器添加。使用油类药剂（如 2♯ 油、重吡啶、煤焦油、油酸）用注射器加入，其用量以滴数计算。在添加这类药剂时也必须使针头朝下 $45°$，一滴一滴地加入。当油类药剂用量为半滴或 $1/4$ 滴时，先将一滴油滴在纸上后形成圆形油迹，然后剪下 $1/4$ 加入槽中即可。

4）药剂保存：黄药溶液及硫化钠溶液保存期不应超过 8 h，但一般无机盐类药剂（如氰化钠、氢氧化钠、硫酸铜、硫酸锌等）溶液放置时间可长一些；若在器壁上呈晶体析出现象时，应停止使用,另配新液。

6.化验用的试样的制备

每一次浮选实验所得到的实验产品有精矿、中矿(有时不一定有中矿产品)和尾矿。为了考查浮选实验的结果,必须对这些产品进行取样并送化学分析。由浮选产品中取出化学分析实验,需要将产品进行过滤、烘干、取样、研磨等工序的加工。

(1)过滤。一般浮选得到的产品,都含有人量的水分,特别是尾矿产品含水更高,产品中水分不除去将使产品难于干。为了加速尾矿的沉降可加入适量的明矾或石灰清水。在过滤中为了避免损失,用注射器吸取其上部清水,然后送去烘干即可。

(2)烘干。过滤的方法只能将产品中的重力水分除去而毛细水分则无法除去,此时应将产品烘干,产品中水分的减少将使产品逐渐移向上层。烘样时其温度不宜过高,否则将会使产品中的硫燃烧而使产品报废。在烘样时应特别注意控制温度。切勿使产品烧坏或因煮沸(未抽吸干净)而飞溅损失。因此在烘样时应注意随时翻动物料,且不得离开工作岗位。

(3)取样。经烘干后的产品,待其冷却后先称其质量再倾倒置于橡皮布中心,并压碎在烘干过程中产生的团块,然后用翻滚法将其混匀(10余次),最后将其压成薄圆饼形,用方格法或者用堆锥四分对分取样 5 g 左右即可(余样应用为副样妥善保存到整个任务完成为止,以备化验复查)。在取样时,精矿、中矿、尾矿产品所用的橡皮布、毛刷、研缸等用具(均需预先编写注明)绝对禁止混用。

(4)研磨。实验所得到产品一般粒度较粗,送化学分析时试剂难于将其溶解。为此要先在研缸内研细,并通过 160 目筛网,然后将已研细的试样装入袋中。试样袋应编上号并注明试样名称、化验元素、送样日期等。

五、数据处理

与本次实验有关的公式。

1.磨矿质量分数和给水量

实验时磨矿质量分数一般采用 $50\% \sim 70\%$ 较宜,在原矿较粗、较硬时,采用高质量分数,而在含泥或比重比较小时采用低质量分数。给水量根据磨矿质量分数,按下式计算:

$$L = \frac{(100 - C)}{C}m \qquad (11-15)$$

式中　L——磨矿时所需添加的水量,mL;

　　　C——要求的磨矿质量分数,%;

　　　m——矿石质量,g。

2.浮选质量分数的计算

$$P = \frac{m}{m + \left(V - \dfrac{m}{\delta}\right)} \times 100\% \qquad (11-16)$$

式中　P——浮选质量分数,%;

　　　m——矿砂质量,g;

　　　δ——矿砂比重,g/cm³;

　　　V——浮选机容积,cm³。

3.药剂使用量的计算

$$V = \frac{qm}{10M} \tag{11-17}$$

式中　V—— 添加药剂溶液体积,mL;

　　　q—— 单位药剂用量,g/t;

　　　m—— 实验的矿石质量,kg;

　　　M—— 所配药剂质量分数,%。

4.药剂质量分数与配制

$$质量分数\ P_质 = \frac{药剂质量}{药剂质量 + 溶剂质量(如水质量)} \times 100\% \tag{11-18}$$

$$体积分数\ P_体 = \frac{药剂体积}{药剂体积 + 溶剂体积} \times 100\% \tag{11-19}$$

$$药剂体积 = \frac{药剂质量}{药剂比重} \tag{11-20}$$

5.油类选矿药剂添加量计算

首先在天平称一滴油的质量,需添加滴数(添加量)可按下式计算:

$$X = \frac{qm}{1\,000d} \tag{11-21}$$

式中　X—— 油类药剂需要加入滴数;

　　　q—— 单位质量矿石消耗的药剂量,g/t;

　　　m—— 给矿质量,kg;

　　　d—— 一滴油的质量,g。

6.选矿技术指标及其计算公式

(1)富矿比的计算。

$$K_0 = \frac{\beta}{\alpha} \tag{11-22}$$

式中　β—— 精矿品位,%;

　　　α—— 原矿品位,%;

　　　K_0—— 富矿比。

(2)回收率的计算。

小型实验中一般情况下,只要计算实际回收率,在半工业性或工业性实验中还必须计算理论回收率。

1)实际回收率。

$$\left.\begin{array}{l} \varepsilon_实 = \dfrac{m_精}{m_原}\dfrac{\beta}{\alpha} \times 100\% \\[2mm] \varepsilon_实 = r\dfrac{\beta}{\alpha} \end{array}\right\} \tag{11-23}$$

式中　$m_原$—— 原矿质量,kg;

　　　$m_精$—— 精矿质量,kg;

　　　α—— 原矿品位,%;

　　　β—— 精矿品位,%。

2）理论回收率。

$$\varepsilon_{理} = \frac{\beta(\alpha - \theta)}{\alpha(\beta - \theta)} \times 100\% \tag{11-24}$$

式中 θ——尾矿品位，%。

（3）精矿产率 r_k 的计算。

对最终精矿或某个中间产物作理论计算可用下式表示：

$$r_k = \frac{100(\alpha - \theta)}{\beta - \theta} \tag{11-25}$$

若已知原矿质量和产品的质量，其计算公式如下：

$$r_k = \frac{某产品质量}{原矿质量} \times 100\% \tag{11-26}$$

（4）累计回收率和累计品位的计算。

在实验中若需要计算其累计回收率或累计品位可按下面计算方法计算。

假如要求计算中矿和精矿的累计回收率和累计品位，即

累计回收率

$$\varepsilon = \varepsilon_{精} + \varepsilon_{中} \tag{11-27}$$

累计品位

$$\beta = \frac{r_{精}\,\beta_{精} + r_{中}\,\beta_{中}}{r_{精} + r_{中}} \tag{11-28}$$

（5）选矿效率的计算。

$$E = \frac{(\alpha - \theta)(\beta - \alpha)}{\alpha(\beta - \theta)\left(1 - \dfrac{\alpha}{\beta_{max}}\right)} \frac{\beta - \alpha}{\beta_{max} - \alpha} \times 100\% \tag{11-29}$$

式中 β——实际精矿品位，%。

β_{max}——理论精矿最高品位，%。

α——原矿品位，%；

θ——尾矿品位，%。

六、思考题

（1）简述非极性非金属矿物的浮选特点、浮选流程及药剂。

（2）自然界主要的硫化矿有哪些？简述各种硫化矿（硫化铜矿石、铜矿石、方铅矿、闪锌矿）分选的特点、它们之间的分离条件及所用药剂。

第 12 章　设计性实验

12.1　陶瓷制品设计实验

一、实验项目

题目:制作一件陶瓷工艺品(花瓶、茶具或其他)。

二、实验要求

(1) 制品要有足够的强度。
(2) 制品要有较好的造型。
(3) 制品表面要有较好图画或文字装饰。
(4) 制品表面要施釉。
(5) 制品要烧制成正品。

三、实验准备

1. 查阅文献

阅读、翻译资料,了解该种材料在国内外的应用情况和市场情况,国内外研究该课题的科技动态等。

2. 立题报告
(1) 论述该项目的社会效益与经济效益。
(2) 论述该项目理论基础或技术依据。
(3) 执行该项目的具体方案、实施手段。
(4) 执行该项目工作计划与日程安排。
(5) 提出该项目的预期结果。

3. 立题答辩

通过有关指导教师答辩,吸取有益的意见,修改立题报告,正式立题。

四、实验设计

1. 实验方案的制订
(1) 陶瓷设计成分的确定。
(2) 陶瓷烧成制度的确定。

2. 陶瓷制品的制备
(1) 原料的选择。

（2）原料的加工。

（3）配合料的制备。

（4）成型。

（5）烧成。

3. 重复或改进实验

（1）陶瓷设计成分的调整。

（2）陶瓷熔制制度的改进。

（3）陶瓷烧成制度的改进。

（4）陶瓷烧成制品的制备。

（5）陶瓷指标的测定。

（6）确定陶瓷成分及陶瓷制备的各种参数。

五、实验总结

（1）将实验得到的数据进行归纳、整理与分类,进行数据处理。

（2）查阅文献资料,用现代流行或不流行的有关理论解释自己的实验结果,分析陶瓷制品试样是否达到要求。

（3）根据拟题方案及课题要求写出实验总结报告。

六、提交立题报告

根据拟题方案及课题要求写出总结实验报告。报告内容包括立题依据、原理、测试方法及有关数据、原材料的原始分析数据、常规与微观特性检验的数据、图片或图表、试制经过及结论,并提出存在的问题。要对某一专题研究的深度提出观点、论点。

12.2 微晶玻璃制备设计实验

一、实验项目

建议题目:建筑装饰用微晶玻璃的研制。

二、实验要求

微晶玻璃板材与天然石材性能对比见表 12-1。请按此指标研制微晶玻璃试样。

表 12-1 微晶玻璃板材与天然石材性能对比表

性能指标 材料名称	微晶玻璃板	大理石	花岗岩
密度 /(g·cm^{-3})	2.7	2.7	2.7
抗压强度 /MPa	341.3	67~100	100~220
抗折强度 /MPa	41.5	6.7~20	9.0~24
硬度 /(kg·mm^{-1})	530	150	70~720

续 表

材料名称 性能指标	微晶玻璃板	大理石	花岗岩
吸水率 /（%）	0	0.30	0.35
扩散反射率 /（%）	89	59	66
耐酸性(1%H_2SO_4)/（%）	0.08	10.2	1.0
耐碱性(1%NaOH)/（%）	0.05	0.30	0.1
热膨胀系数 /℃$^{-1}$	62×10^{-7}	$80 \times 10^{-7} \sim$ 260×10^{-7}	$50 \times 10^{-7} \sim$ 150×10^{-7}
耐海水性 /（mg·cm^{-2}）	0.08	0.19	0.17
抗冻性 /（%）	0.028	0.23	0.25

三、实验准备

1. 查阅文献

阅读、翻译资料,了解该种材料在国内外的应用情况和市场情况,国内外研究该课题的科技动态等。

2. 立题报告

(1) 论述该项目的社会效益与经济效益。

(2) 论述该项目理论基础或技术依据。

(3) 执行该项目的具体方案、实施手段。

(4) 执行该项目工作计划与日程安排。

(5) 提出该项目的预期结果。

3. 立题答辩

通过有关指导教师答辩,吸取有益的意见,修改立题报告,正式立题。

四、实验设计

1. 实验方案的制订

(1) 玻璃设计成分的确定。

(2) 玻璃熔制制度的确定。

(3) 玻璃热处理制度的确定。

2. 玻璃试样的制备

(1) 原料的选择。

(2) 原料的加工。

(3) 配合料的制备。

(4) 玻璃的熔制。

(5) 玻璃的热处理。

3. 玻璃性能的测试

根据"微晶玻璃板材与天然石材性能对比表"的要求,自己确定性能测试项目,并考虑是否有必要增加性能测试项目。

4.重复或改进实验

(1)玻璃设计成分的调整。

(2)玻璃熔制制度的改进。

(3)玻璃热处理制度的改进。

(4)玻璃试样的制备。

(5)玻璃性质的测定。

(6)确定玻璃成分及玻璃制备的各种参数。

五、总结及完成实验报告

(1)将实验得到的数据进行归纳、整理与分类,进行数据处理。

(2)查阅文献资料,用现代流行或不流行的有关理论解释自己的实验结果,分析自己的微晶玻璃试样是否达到用户的实用要求。

(3)根据拟题方案及课题要求写出实验总结报告。

参 考 文 献

[1]   李启衡. 破碎与磨矿[M]. 北京:冶金工业出版社,2004.
[2]   卢寿慈. 粉体加工技术[M]. 北京:中国轻工业出版社,1999.
[3]   盖国胜. 超细粉碎分级技术[M]. 北京:中国轻工业出版社,2000.
[4]   谢广元. 选矿学[M]. 徐州:中国矿业大学出版社,2001.
[5]   王淀佐,邱冠周,胡岳华. 资源加工学[M]. 北京:科学出版社,2001.
[6]   于福家,印万忠,刘杰,等. 矿物加工实验方法[M]. 北京:冶金工业出版社,2010.
[7]   潘清林. 金属材料科学与工程实验教程[M]. 长沙:中南大学出版社,2006.
[8]   周安宁,黄定国. 洁净煤技术[M]. 徐州:中国矿业大学出版社,2010.
[9]   宁平. 固体废物处理与处置[M]. 北京:高等教育出版社,2007.
[10] 矿物加工教研室编. 选矿学实验指导书. 贵州大学,2007.
[11] 王常任. 磁电选矿[M]. 北京:冶金工业出版社,1986.
[12] 陈斌. 磁电选矿技术[M]. 北京:冶金工业出版社,2008.
[13] 周晓四. 重力选矿技术[M]. 北京:冶金工业出版社,2006.
[14] 王资. 浮游选矿技术[M]. 北京:冶金工业出版社,2006.
[15] 杨家文. 碎矿与磨矿技术[M]. 北京:冶金工业出版社,2006.
[16] 沈旭. 化学选矿技术[M]. 北京:冶金工业出版社,2007.
[17] 赵由才,牛冬杰,柴晓利. 固体废物处理与资源化 [M]. 北京:化学工业出版社,2010.
[18] 刘炯天,樊民强. 试验研究方法 [M]. 徐州:中国矿业大学出版社,2006.
[19] 周振英,刘炯天. 选煤工艺试验研究方法[M]. 徐州:中国矿业大学出版社,1991.
[20] 许时. 矿石可选性研究[M]. 2版. 北京:冶金工业出版社,1989.
[21] 王涛,赵淑金. 无机非金属材料实验[M]. 北京:化学工业出版社,2011.
[22] 伍洪标. 无机非金属材料实验[M]. 北京:化学工业出版社,2002.
[23] 葛山,尹玉成. 无机非金属材料实验教程[M]. 北京:冶金工业出版社,2008.
[24] 常铁军,祁欣. 材料近代分析测试方法[M]. 哈尔滨:哈尔滨工业大学出版社,1999.
[25] 陆佩文. 无机材料科学基础[M]. 武汉:武汉理工大学出版社,1996.
[26] 邱冠周,袁明亮,杨华明,等. 矿物材料加工学[M]. 长沙:中南大学出版社,2003.
[27] 韩跃新. 粉体工程[M]. 长沙:中南大学出版社,2011.
[28] 廖立兵,王丽娟,尹京武,等. 矿物材料现代测试技术[M]. 北京:化学工业出版社,2010.
[29] 沈上越,李珍. 矿物岩石材料工艺学[M]. 武汉:中国地质大学出版社,2005.
[30] 煤炭科学研究总院唐山分院. MT/T144-1997,选煤实验室分步释放浮选试验方法 [DB/OL]. [2009-6-20]. http://www.docin.com/p-201073572.html
[31] GB/T 478-2008,煤炭浮沉试验方法[S]. 北京:中国标准出版社,2008.
[32] GB 474-2008,煤样的制备方法[S]. 北京:中国标准出版社,2008.

[33] GB/T 478—2008,煤炭浮沉试验方法[S]. 北京:中国标准出版社,2008.

[34] GB/T 4757—2001,煤粉(泥)实验室单元浮选试验方法[S]. 北京:中国标准出版社,2001.

[35] GB/T 477—2008,煤炭筛分试验方法[S]. 北京:中国标准出版社,2008.